PERFECT
PET
OWNER'S
GUIDES

飼育・繁殖・
さまざまな品種のことが
よくわかる

ヒョウモントカゲモドキ
完全飼育

著——海老沼 剛
編・写真——川添 宣広

SEIBUNDO
SHINKOSHA

PERFECT PET OWNER'S GUIDES

目次

Chapter 1	はじめに	004
Chapter 2	ヒョウモントカゲモドキの飼育	012
Chapter 3	ヒョウモントカゲモドキの繁殖	025
Chapter 4	モルフカタログ	038

野生色 040

| マキュラリウス | 041 | モンタヌス | 044 |
| ファスキオラータス | 046 | アフガン | 048 |

単一モルフ（色彩の変異）051

ハイイエロー	052	タンジェリン	055
ハイポメラニスティック＆スーパーハイポメラニスティック	056	ハイポタンジェリン＆スーパーハイポタンジェリン	058
キャロットテール＆ボールドヘッド＆ハロウィンマスク	066	エメラルド＆エメリン	068
メラニスティック	074	チャコール	078
アルビノ（トレンパーアルビノ）	079	アルビノ（ベルアルビノ）	082
アルビノ（レインウォーターアルビノ）	084	スノー（TUGスノー＆GEMスノー＆ラインブレッドスノー）	086
マックスノー	088	ダイオライトスノー	091
スーパーマックスノー	092		

単一モルフ（模様の変異）095

ジャングル＆アベラント	096	ストライプ	098
ボールドストライプ	100	バンディット	102
リバースストライプ	106	トレンパーパターンレス	108
ハイスペックルド	109	レインボー＆スキットルズ	110
レッドストライプ＆ドーサルストライプ	112	マーフィーパターンレス	114
ブリザード	116	エニグマ	118
ホワイトアンドイエロー	120	レモンフロスト	122

単一モルフ（目の変異）123

| エクリプス（フルアイ＆ハーフアイ） | 124 | マーブルアイ | 126 |
| ノワール・デジール | 127 | | |

単一モルフ（大きさの変異）128

| ジャイアント＆スーパージャイアント | 129 | | |

🦎 複合モルフ 131

タンジェリンアルビノ	132	タンジェロ	134
ハイビノ&サングロー&ハイグロー	135	ソーラーエクリプス	140
レイニングレッドストライプ	140	パターンレスアルビノ (アルビノリューシスティック)	141
ブレイジングブリザード	142	ゴースト (マックスノーゴースト)	143
スノーハイポ	144	クリームシクル	144
ファントム	145	ゴブリン	146
ソーベ	146	スノーグロー	147
アプター	148	ラプター	150
レーダー	152	タイフーン	154
マックスノーアルビノ	156	スーパーマックスノーアルビノ	157
マックスノーパターンレス	158	スーパーマックスノーパターンレス	159
マックスノーパターンレスアルビノ	160	スーパーマックスノーパターンレスアルビノ	161
マックスノーブリザード	162	スーパーマックスノーブリザード	163
マックスノーブレイジングブリザード	164	スーパーマックスノーブレイジングブリザード	165
マックスノーエニグマ	166	ダルメシアン (スーパーマックスノーエニグマ)	167
マックスノーホワイトアンドイエロー	168	スーパーマックスノーホワイトアンドイエロー	169
マックスノーエクリプス	169	トータルエクリプス (スーパーマックスノーエクリプス) / ギャラクシー	170
ギャラクシーエニグマ	172	ユニバース (ギャラクシーホワイトアンドイエロー)	173
マックスノーラプター	174	スーパーマックスノーラプター	175
マックスノーレーダー	176	スーパーマックスノーレーダー	177
マックスノータイフーン	178	スーパーマックスノータイフーン	179
エンバー (パターンレスラプター)	180	サイクロン (パターンレスタイフーン)	181
ディアブロブランコ (ブリザードラプター)	182	ホワイトナイト (ブリザードレーダー)	184
ビー (エクリプスエニグマ)	185	ブラックホール	186
ノヴァ	187	ドリームシクル	188
スーパーノヴァ	190	ステルス&ソナー	192
クリスタル	194	ブラッドサッカー	195
エニグマのコンボ品種	196	オーロラ	198
ホワイトアンドイエローのコンボ品種	200		

🦎 その他の表現 203

スノーストーム	204	パステル	205
ソーラーレイ	206	ゴースト	207
アビシニアン	208	ホワイトサイド	210
ブルースポット	211	パラドックス	212
ワイルドエクリプス	213	レイハインアルビノ	214

🦎 ヒョウモントカゲモドキの近縁種 215

オバケトカゲモドキ	216	ダイオウトカゲモドキ	219
トルクメニスタントカゲモドキ	220	ヒガシインドトカゲモドキ	222
サトプラトカゲモドキ	223		

はじめに *foreword*

ヒョウモントカゲモドキとは ──

ペットリザードとして人気の ヒョウモントカゲモドキ

　ヒョウモントカゲモドキは爬虫類の中でもペットとして優れた特徴を持つ種類で、世界中で繁殖が行われており、現在、とても多くの個体がマーケットに流通しています。飼育は容易で、基本情報が充実しており、初めて爬虫類を飼育してみたいというビギナーでも安心して飼育に臨むことができます。

　日本でも古くから飼育動物として輸入されているヒョウモントカゲモドキは、20年ほど前までは野生捕獲個体が流通の中心を占めていました。飼育や繁殖が容易だったため、同時に繁殖個体も流通していましたが、その当時、品種はまだほとんどなく、ハイイエローと呼ばれる黄色が強く発色したものが時折見られる程度でした。その後、繁殖が盛んに行われるようになるにつれて、加速度的に新たな飼育下での品種が増えていき、それと共に流通の中心は繁殖個体へと移っていきます。繁殖された個体は野生捕獲個体に輪をかけて飼育下に適応しやすく、日本でも世界各国でも、飼育者や商業ブリーダーがどんどん増えていきました。現在では原産国の政情不安定や野生動物の輸出規制などもあって、野生個体の輸入は非常に少なくなっています。そして、野生個体の流通がほとんどなくても市場にヒョウモントカゲモドキが見られないことはないほど累代繁殖が確立され、今や全てのトカゲ類の中で最も多く飼育されて

いる種類の1つです。流通のほぼ全てが繁殖個体で、さまざまな品種がつくり出されているという種類は、爬虫類全体を見渡してもあまり類がなく、ヒョウモントカゲモドキはほぼ完全にペット化されている爬虫類であると言っても過言ではないでしょう。

　動物飼育には、対象生物の姿形・習性や、その背後にある自然に想像を巡らすことに重点を置き、相手と一定の距離を保つ鑑賞型の飼育と、対象生物の種としての特性よりも個体の個性を重視し、相手に積極的に介入することに重きを置く愛玩型の飼育とがあります。主に観賞魚や爬虫類・両生類は前者、鳥類や哺乳類は後者の飼育タイプが中心ですが、ヒョウモントカゲモドキにおいては、爬虫類飼育には珍しく、愛玩型の要素を持って接する飼育者も多いです。これは、累代的に繁殖されることによって野生下とは性質が変わり、触れるなど他の爬虫類にはストレスとなる行為も許容（あくまで許容できるだけで、触れ合いが必要というわけではありませんが）できるようになっていったため、犬や猫並みとまではいかなくとも、たとえばハムスターなどに対するような擬人化をヒョウモントカゲモドキにも投影できるようになったためです。そうした意味では、ヒョウモントカゲモドキの飼育はもはや爬虫類の飼育、というよりも、ヒョウモントカゲモドキの飼育というカテゴリーに移ったと極論することもできそうです。ヒョウモントカゲモドキの名は、野生個体で見られる細かな黒い斑点と黄褐色の体色がヒョウのように見えること

004　Foreword　はじめに　　　　　　　　　　PERFECT PET OWNER'S GUIDES

から名付けられているのですが、英名では同じ意味で Leopard-Gecko（レオパードゲッコー：ヒョウ柄のヤモリの意味）と呼ばれます。日本のペット市場では、ヒョウモンカゲモドキというやや冗長な名称を短縮して「ヒョウモン」あるいはレオパードゲッコーを短縮して「レオパ」といった愛称で呼ばれることが多いです。現在、ペットとして流通している「レオパ」と野生種としてのヒョウモンカゲモドキとは、もはや切り離された存在だと言っても過言ではないのかもしれません。

大きさや性別・品種と自分好みの個性を選ぶことができ、飼育や繁殖もその方法がきちんと確立されている数少ない爬虫類であるヒョウモンカゲモドキ。飼育目的についても、幼体を育成することを主に楽しんだり、すでに仕上がったアダルト個体の中から自分好みの色彩や模様を選んで飼育する、繁殖を視野の中心に据えて狙った品種や新たなオリジナル品種の作出を目指すなど、非常に多様なニーズに応えています。

本書ではこの魅力的なヒョウモンカゲモドキを、基本的な飼育方法から繁殖について、さらに多様な品種を網羅し、できるかぎり数多くを紹介していきます。飼育者が自分好みの1匹を選ぶ際の手助けとして頂ければ幸いです。

ヒョウモンカゲモドキの分類位置

ヒョウモンカゲモドキについて、学術的な方向からスポットを当ててみましょう。爬虫類のことについて詳しい人であれば、「トカゲモドキ」という名前は少し不思議に感じるかもしれません。ヒョウモンカゲモドキをはじめ、トカゲモドキと名が付く生物たちは「擬き」などとやや否定的な言葉が付きますが、その姿はトカゲの仲間と呼ぶのに特段差し支えがあるようには思えません。実は分類的にみてもトカゲモドキは立派なトカゲ類の一種です。それなのに、どうしてトカゲモドキと呼ばれているかについては、この仲間たちの分類的な位置を見てみることで理解で

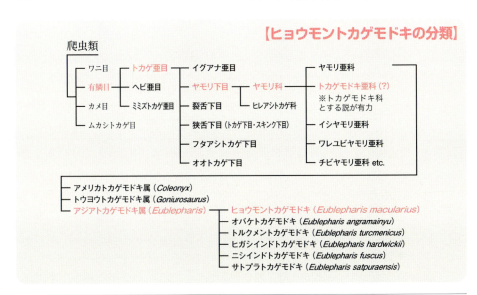

【ヒョウモンカゲモドキの分類】

きます。

　爬虫類と呼ばれる生物には大きく分けて、甲羅を持つカメ目（カメの仲間）、長い吻端と角質化した鱗を持つワニ目（ワニの仲間）、2種のみが現存し非常に古い時代から特徴を飼えていないムカシトカゲ目、そして、爬虫類中最も種類が多く、全身を鱗に覆われている有鱗目（ヘビとトカゲの仲間）の4つのグループがあります。

　最も数が多く、爬虫類の代表的イメージである有鱗目は、細長い体で手足や鼓膜がないヘビ亜目、地中棲でミミズのような体を持つミミズトカゲ亜目、そして基本的に手足を持ち、生息環境によってさまざまな形状に進化したトカゲ亜目に分かれています。われわれがいう「トカゲ」は1種類の動物を指すのではなく、このトカゲ亜目に含まれている全ての動物を指すのです。日本、特に本州にはトカゲ亜目の仲間があまり多くなく、一般にトカゲと言えばニホントカゲかニホンカナヘビのことを指すので、「トカゲ」が特定の種ではなく、グループの名称であると理解するのは少しイメージが掴みにくいかもしれません。英語ではトカゲを Lizard と表記しますが、「リザード」という種のトカゲは存在しないと言い換えると少し分かりやすいでしょう。「カメ」というカメや「サカナ」という魚が存在しないのと同じです。

　さて、種類の多いトカゲ亜目ですが、いくつかの特徴を共有する小グループに、さらに小分けすることができます。「目」「亜目」の下にある「科」という分類単位です。その1つにヤモリ科と呼ばれる一群があります。一般に、ヤモリと呼ばれる仲間たちのことで、この仲間はトカゲ類の中では例外的な特徴をいくつか持っており、少し特殊な位置にあるグループです。最も大きな特徴は、トカゲ類つまりトカゲ亜目の生物はそのほとんどが下まぶたを持っていて、眼を閉じることができるのに対し、ヤモリ科とその近縁にあたるヒレアシトカゲ科に含まれる仲間たちだけには可動するまぶたがなく、目が透明な1枚の鱗で覆われていることです。ちょうどコンタクトレンズをはめたような状態にあるわけです。これにより、ヤモリの仲間は基本的に瞬きを行いません。他にも、ヤモリ科独特の特徴として、瞳が縦長で猫の目を思わせるような形であることや、主に夜行性であること、指の裏にひだ状の皺（趾下薄板といいます）を持っていて、それを使って壁などに張り付くことが

【ヒョウモントカゲモドキの分布域】

できることなどが挙げられます。こうした独特の特徴から、ヤモリの仲間たちは分類上はトカゲ亜目に含まれていても、独立した別のカテゴリーのように扱われることが多いのです。日本でも、「ヘビ」「トカゲ」「ヤモリ」というように同列のものとして並べられることが多々あります。

　このように、ヤモリ科はトカゲ類の一グループであるというのが正しいところなのですが、生物分類というのは人間が分けているだけあって何事も数学的に割り切れるというものではありません。例外が発生するのはつきもので、ヤモリ科にも定義が当てはまらない仲間がいくつか存在します。中でも、まぶたを持っていないはずのヤモリ科にあるのに瞼を持っている、指の下に趾下薄板がなく、すっきりとした棒のような指をし

ているなど、ヤモリ以外の他のトカゲ類が持つ特徴を有する一グループが、「（トカゲ類では例外的な）ヤモリ科なのに、ヤモリの特徴がなく、他のトカゲ類のような特徴を持っている」ということからトカゲモドキと名付けられました。これがトカゲモドキの名の由来です。

近年では分類研究がさらに進み、トカゲモドキの仲間たちはヤモリ科に含めずに、独立したトカゲモドキ科という位置を割り振るべきだという学説が強くなってきています。そうすると、トカゲ亜目という大グループの中にある「ヤモリ科」「トカゲモドキ科」というようにそれぞれ対等な位置になってしまい、トカゲモドキという名がますます奇妙なものになってしまいます。が、生物の分類には研究に伴う変化がつきものなので、こうしたことはわりと日常的にあって仕方のないことなのです。

生息地と習性

ヒョウモントカゲモドキは、トカゲモドキの中でも中央アジアから西アジアにかけて分布するアジアトカゲモドキ属 *Eublepharis* に含まれており、5種ほどの同属種があります（P.215で解説）。このうちヒョウモントカゲモドキはインドの北西部からパキスタン、アフガニスタン南部にかけて分布しています。

他のトカゲモドキの仲間と同様に地上棲で、立体的な活動はほとんど行いません。また、趾下薄板を持っていないため、ガラスなどの壁面によじ登ることはできません。

自然下では荒野や平原・砂礫地帯などの乾燥地に生息し、昼間は岩陰などに潜んでいます。オス同士は縄張りを持っていて同居することはありませんが、1匹のオスに対し複数のメスでハーレムを形成することは多いです。夜行性で、暗くなると棲み家から出てきて徘徊します。主に昆虫類や他の節足動物を食べ、比較的大型の獲物も丈夫な顎を使って飲み下します。

外　観

アジアトカゲモドキ属の仲間はヤモリ科の中でも大型で、ヒョウモントカゲモドキは属中では3番目に大きい種（場合によっては2番目）ですが、それでも全長20〜25cmほどあります。さらに品種改良によって、より大型の個体も生み出されています。オスはメスに比べてやや大型で、頭の幅も広い傾向にあります。

大きめの頭部とがっしりした体格、太い尾を持っていて、尾には栄養を蓄えることができます。ヒョウモン（豹紋）の名が示すとおり、体色は淡い黄色から黄褐色で、黒い小点が不規則に全身に散るものですが、現在は品種改良された個体の流通が中心となっており、本来の色彩とは全く異なるさまざまな品種が見られます（各品種の特徴については、20ページ以下から詳しく解説していきます）。幼体期は黒と白のバンド模様で、成体の模様とは大きく異なります。成長にしたがってバンド模様は黒い小点の塊に変化していき、亜成体以降から成体同様のヒョウ柄になっていきます。

ヒョウモントカゲモドキにはさらに細かく分けて5つの亜種があるとされていますが、その定義はあまり明確ではありません。ただし、生息地域によって色彩や体格にある程度の個体差は見られるようで、いくつかは亜種名を冠した品種として固定されています。

ヒョウモントカゲモドキ
各部解説

体表 体表は細かな鱗と粒状の大きな鱗とで覆われています。大きな粒状の鱗は細かな鱗の間に点在して並んでいます。幼体時より成体時のほうがより粒状の鱗が目立つようになります。他の爬虫類と同じく成長に伴って脱皮を行います。脱皮は体表が白く濁って浮き上がり、その下に新しい皮膚が形成されます。古い皮膚は脱皮中に食べてしまうことがほとんどです。

頭部 頭幅は広く、比較的大きめの餌も食べることができます。

指 一般のヤモリ類と違い、トカゲモドキの仲間は指の裏に趾下薄板を持たず、細い棒状の指をしています。指先には爪が付いています。爪を引っかけて立体物に登ることはできますが、壁などの垂直面やツルツルした素材のものに張り付くことはできません。

尾 尾は太く、脂肪を蓄えてさらに太くなります。野生下では餌が捕れない時にこの尾の脂肪を使って耐えしのぎます。尾は危険を感じた際に自らの意思で切断し、切れた尾が相手の注意を引いている間に逃亡することができます。これを自切（じせつ）と言い、トカゲ亜目で比較的よく見られる行動です。自切は飼育下でも稀に行うので、尾だけを強く引っ張ったりしないように注意しましょう。切れた後に生えてくる尾は再生尾（さいせいび）と言い、オリジナルの尾とは形状がやや異なります。再生尾には粒状の鱗が見られず、表面は滑らかです。また、長さもオリジナルより短い場合が多く、先端は丸みを帯びます。再生尾の表面にはオリジナルの模様が再現されず、少し違った色調になります。再生尾は特に健康上問題があるわけではないので、外観上の好みを除けば飼育時に気にする必要はありません。

腋下 腋の下には目立つ窪みがあります。腋下ポケットと呼ばれ、その存在目的は不明です。中にはこの腋下ポケットが非常に深く目立つ個体もいますが、特別なものではありません。また、腋の下に脂肪の塊がコブのように出ている個体もありますが、これは尾に溜まりきらなかった脂肪が脇の下に蓄えられているもので、病気ではありませんが、栄養状態が良過ぎて少し太り気味になっている印です。

PERFECT PET OWNER'S GUIDES　　ヒョウモントカゲモドキ　009

成体と幼体の模様の違い

幼体期は黒と黄色などバンド状の模様を持っていますが、成体に近づくにつれて黒い部分はぼやけて雲散し、小さな黒いスポットが散るようになっていきます。これは品種によっても異なるので必ずしも一致しませんが、幼体期と成体期では模様が変わるのが一般的です。

成体

成体（ハイイエロー）

幼体

幼体は黄色と黒のバンド模様

育ってくると、黒い部分がスポット状に変化していきます

オス

総排泄孔

クロアカルサック　総排泄孔より尾側にある膨らみで、2つ並んだようになっています。これをクロアカルサックと呼びます。この中にはヘミペニスがしまわれており、交尾の際に出します。

前肛孔　総排泄孔の前に小さなボタン状の鱗がへの字型に並びます。これを前肛孔と言い、オスに見られる特徴です。個体によってはっきりしているものと、やや不明瞭で、よく見ないと他の鱗とあまり見分けが付かない場合があります。

目 近縁なヤモリ科の他種と同じく、縦に長い瞳を持ちます。夜行性なので昼間は針のように細くなっており、夜になると楕円形に広がります。虹彩の部分は薄いグレーで細かな黒い網目模様が走っています。瞳や虹彩については品種によって色や形が変化しているものもあるので、それぞれのページで紹介していきます。

まぶた トカゲモドキの仲間の大きな特徴が、このまぶたです。まぶたは目の上下にあって可動させることができます。休んでいる時などはまぶたを閉じています。

舌 他のトカゲモドキやヤモリ科の仲間と同じく、舌は太く先端は割れていません。口の周りに付いた水滴などを舌で舐め取ることができます。

歯 大きな牙などは持っていませんが、細かく鋭い歯を多数持っています。滅多に人に噛みついたりはしませんが、顎の力はそこそこ強いのでいきなり強く掴んだりして身の危険を感じさせたりしないようにしましょう。

耳孔 ヒョウモントカゲモドキに限らず、ヤモリ科ひいてはトカゲ亜目には耳の穴があります（これが同じ有鱗目のヘビ亜目との違いの1つです）。奥には鼓膜があり、耳孔の外縁部には小さな棘状の鱗が並んでいます。

声 ヒョウモントカゲモドキは定期的に鳴き声を上げたりすることはありませんが、危険を感じた時などに口を大きく開き、尾を持ち上げ、それでも相手がひるまないと「ギャッ」というような音を発することがあります。成体ではほとんど行いませんが、比較的臆病な幼体のうちは霧吹きなどに驚いて声を上げることがあります。

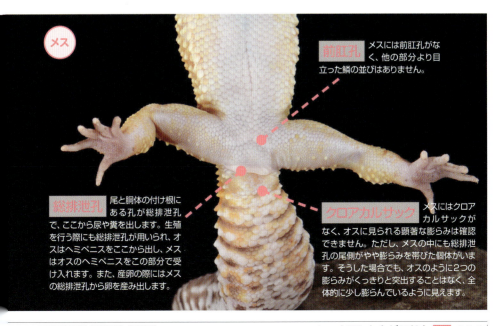

メス

前肛孔 メスには前肛孔がなく、他の部分より目立った鱗の並びはありません。

総排泄孔 尾と胴体の付け根にある孔が総排泄孔で、ここから尿や糞を出します。生殖を行う際にも総排泄孔が用いられ、オスはヘミペニスをここから出し、メスはオスのヘミペニスをこの部分で受け入れます。また、産卵の際にはメスの総排泄孔から卵を産み出します。

クロアカルサック メスにはクロアカルサックがなく、オスに見られる顕著な膨らみは確認できません。ただし、メスの中にも総排泄孔の尾側がやや膨らみを帯びた個体がいます。そうした場合でも、オスのように2つの膨らみがくっきりと突出することはなく、全体的に少し膨らんでいるように見えます。

PERFECT PET OWNER'S GUIDES

Chapter 2

Keeping Leopard Gecko

ヒョウモントカゲモドキの
飼育

飼育の前に
～入手手段と導入時の注意

　ヒョウモントカゲモドキは、トカゲ類はもちろん、カメの仲間を除く爬虫類全体としてみても最も飼育動物としての流通が多い種の1つで、他の爬虫類に比べて入手できる機会は比較的多いと思われます。爬虫類を専門に扱う専門ショップで入手することが最も多いと思いますが、それ以外でも熱帯魚や小動物を中心に扱う総合ペットショップでも販売されていることが多くあります。専門ショップや総合ペットショップでは、生体と同時に飼育に必要な器具・餌などを一緒に揃えることができるので、初めてヒョウモントカゲモドキを買う人はこうしたところを利用すると良いです。

　この他には繁殖を行っているブリーダーから直接販売してもらう方法もあります。ショップとして店舗を構えているブリーダーは非常に少ないので、探すのはなかなか難しいかもしれませんが、繁殖した爬虫類を販売するイベントなどでは、多くのブリーダーが自家繁殖させた個体を持ち寄っており、そうした機会を利用することができます。ブリーダーから直接購入する場合は、その個体ごとの微妙な特徴を把握していたり、親やその上の代まで遡ってどのような血統からできている品種なのかを説明してもらうことができます。

　いずれの場合も購入したらすみやかに帰宅し、飼育ケージをセットしてそこへ放してやりましょう。夏季や冬季は外温の変化が激しいです。特に夏などに締め切った車の中などで生体の入ったパックを置きっぱなしにして寄り道したりすると、驚くほど短期間で車内の温度が危険水準まで上昇してしまいます。ヒョ

各地で行われている爬虫類・両生類イベント。8〜11月頃に行われるブリーダーズイベントは、国内で繁殖されたCB個体を入手できる良い機会です。ぶりくら市（関西）・とんぶり市（関東）・HBM（東京）・SBS（四国）が挙げられます。専門雑誌やHPで開催情報をチェックしてみましょう

爬虫類専門店では、たくさんのヒョウモントカゲモドキだけではなく、飼育器具や餌なども入手できます。店員さんにさまざまなアドバイスを受けられるのも嬉しいです

ウモントカゲモドキはそう温度変化に敏感な種類ではありませんが、万が一の事故が起こらないとも限らないので、入手後は生体のことを優先して行動しましょう。販売者から飼育者の手元に渡った瞬間に、飼育はもちろんのこと、管理の責任も飼育者に移ることを忘れないでください。

飼育に必要な器具

　ヒョウモントカゲモドキの飼育は、比較的シンプルなレイアウトで行うことができます。元来、原種（野生種）のヒョウモントカゲモドキは乾燥地のヤモリなので、砂や砂利を敷いたケースに岩などでレイア

飼育例。爬虫類用のアクリルケースに床材とシェルター・水入れが入っています

ウトして飼育しても良いのですが、長年にわたって飼育下で累代繁殖が進み、本来の頑健で適応性の高い性質も加わった結果、よりペット的にシステマチックな飼育が可能なヤモリになっています。ここでは、そうしたシンプルな飼育法を紹介します。必要な機器は以下のとおりです。

●ケージ（プラケースやアクリルケース、ガラス水槽など幅広い材質が利用可能）
●水入れ
●シートヒーター
●床　材
●シェルター（個体や品種によっては不要）

専門店で市販されているヒョウモントカゲモドキ飼育セット。必要な飼育器具が揃っていて便利です

赤玉土を敷いた飼育例。シェルター内が暗くなるよう植木鉢の底の穴を塞がれています

飼育器具をセットする

まず最も肝心な飼育ケージを選ぶことから始まります。基本的にヒョウモントカゲモドキは単独飼育するのが適しています。大きさや性別によっては複数飼育しても良いのですが、特にオス同士の同居は激しく争うため厳禁。さらに、幼体の複数飼育は動きにつられて同居個体同士で尾を噛み合ってしまったりするトラブルが生じやすいので、やはり避けたほうが賢明です。複数飼育可能なのはオス1匹と複数のメス、あるいは複数のメス同士となります。それでも、1つのスペースに複数を同居させるよりは、同じ底面積ならばそれを2つに分けて（つまり、小さいケージを2つ用意する）個別に飼育したほうが餌の捕り合いなど無用なトラブルを避けられます。大きさに対して飼育スペースを広く要求する生物ではないので、できれば単独で飼育してください。

飼育ケージは、プラスチックケース（プラケース）で行うのが最も一般的かつ手軽です。プラケースは軽くて丈夫で、汚れても簡単にケージごと丸洗いできます。ケース同士をある程度積み重ねることもできるので、あまり飼育スペースが取れない人にもおすすめです。アクリルで作られた爬虫類用飼育ケージも同じように軽くて扱いやすいです。プラケースより材質がクリアで鋭角的なので、よりスタイリッシュに飼育したい人にも向いています。ただし、プラケースよりもやや傷が付きやすいので、ケースを洗う際などは柔らかなブラシを使うなどの配慮が必要となります。ガラス水槽や爬虫類用に作られた前扉式の専用ケージなども利用できますが、材質的に重量がどうしても出てしまうので、ケージの掃除がやや手間になりがちです。反面、ケージに傷などが付きにくいという利点もあります。

いずれも、飼育ケージの長辺が飼育個体の全長の倍くらいあることを目安にして選びます。もちろん、それ以上広いケージで飼育しても全く問題はありません。ヒョウモントカゲモドキは立体活動をせず、平面的な動きに終始するため、ケージの高さはあまり気にしなくても大丈夫です。フラットタイプと呼ばれる高さが低めのケースを利用すると、同じ底面積でも空間の圧迫感がないのであまり場所を取っ

爬虫類・両生類飼育用のウエットシェルター

爬虫類・両生類飼育用に市販されているシートヒーター

ている感じがしません。

　立体活動しないとはいえ、ケージに蓋を取り付けることは忘れないでください。特に、ガラス水槽で飼育する場合は、金網の蓋などを設置する必要があります。

　ケージ内に敷く床材はさまざまな材質のものが市販されています。各種の砂やヤシ殻繊維を砕いたもの（パームマットなど）、ウッドチップ・乾燥牧草などのほか、キッチンペーパーやペットシーツも使用できます。砂を使用すると見ためは良いのですが、糞や尿のにおいを吸着しやすいことと、誤飲した際に胃腸に溜まることがある点、粒子の大きさによっては指先の細かな鱗や目の周りに入り込んでトラブルになる場合などがあります。パームマットやウッドチップでは大きな問題は生じませんが、原料から浸出する木のアクが指先や腹部を茶色っぽく染めることがあります（健康上害があるものではありませんが）。同じウッドチップでも、アスペンと呼ばれるヤナギ科の木を原料にしたものは、アクのようなものが出たりしません。乾燥牧草もにおいの吸収に優れているため良い床材ですが、ヒョウモントカゲモドキの飼育には見ためがあまりマッチしないかもしれません。キッチンペーパーなどの紙類は他の床材のように糞や尿を吸収する効果はさほど高くありませんが、逆に汚れが見ためで分かりやすく、交換も容易なためおすすめできます。ペットシーツは糞尿に含まれる水分の吸収性にも優れ、水入れの水がこぼれてしまったりしてもすぐに吸収するため、ケージ内が過度に蒸れたりしないのが強み。交換もキッチンペーパーと同じく非常に容易です。また、品種化されたヒョウモントカゲモドキの色みを楽しむのに、白い紙系の床材の色合いは適しています。周囲の色味が明るいと、この仲間は色合いも上がります。床材については飼育者の飼育スタイルや、入手しやすさなどに応じて上記のいずれかを選択すると良いでしょう。

　夜行性のヒョウモントカゲモドキには

照明は必要ありません。また、昼行性の爬虫類のように紫外線を浴びてカルシウムを吸収するサイクルでもないので、ヒョウモントカゲモドキ飼育における照明は、飼育者が観察に必要と感じた時に設置すれば良いでしょう。その際も、強い紫外線を照射するタイプのライトは使用してはいけません。品種によっては照明を設置すると、まぶしすぎて活性が下がってしまうこともあるので注意します。また、あまり明るい環境下に置くと体色がくすんでしまうことが多いです。

保温はシートヒーターが最も適しているでしょう。わりと低温に強い種で、保温は冬季を除いて不要とされることもありますが、幼体や若い個体では特に高めの温度で飼育したほうが良好な状態を保てます。餌の消化という面でもそれは言えるし、高温状態では体色が明るくクリアーになるという鑑賞面での利点もあります。また、幼体は成体に比べて暖かい環境で飼育したほうが順調に生育します。保温器具には多くの種類がありますが、前述のとおり明るい環境はヒョウモントカゲモドキにとって不適切なので、光を伴わない保温器具が適しています。最も使い勝手が良いのはシートヒーターと呼ばれるタイプのもので、これはケースの下や外壁面に張るようにして使用し、照射した遠赤外線で生体を温めるものです。温度調節が自動的にできる機能を持ったものが大半で、過度な熱上昇が起きないので、昼夜問わず稼働させたままにできるため安全です。シートヒーターは、ケージ底面積の3分の1の大きさを目安に選びます。大きさに見合うサイズが見つからない場合は、ケージに対して少しずらすなどして底面積の3分の1くらいにヒーターがあたるようにしてください。ケージの底面全体にヒーターがあたってしまうと熱すぎる場合に生体の逃げ場がなくなってしまいます。爬虫類は自力で体温を調整できない動物なので注意すること。

水入れは、倒されないように安定性のある物を用意します。さまざまな大きさの水入れが市販されているので、飼育する個体の大きさに見合ったものを使いましょう。幼体などにあまりにも深い水入れを使うと、中に入って出られなくなることがあるので注意。個体によっては脱皮前などに水入れに体を浸すことがありますが、脱皮殻を軟らかくするためのもので、自分で出入りができているようであれば特に心配はありません。

シェルター（隠れ家）は、必ずしも全ての個体に必要なものではありません。やや臆病な個体や、周囲に敏感な幼体時期、品種の特性上、目が悪く光に敏感な個体などに使用してやります。植木鉢の欠片や紙箱などで自作しても良いのですが、性能の良い人工シェルターが市販されており、外観もスマートに決まります。

飼育温度について

　ヒョウモントカゲモドキの飼育適温は25〜30℃前後です。18℃以上あれば多くの個体が餌を食べますが、中には代謝が活性化せずに餌を捕らなくなる個体も出てきます。25℃以上を目安に保温飼育し、幼体時期ではもう少し高めの28℃くらいを目安にしましょう。先にも軽く触れたように、餌の面とは別に、低温気味で飼育をすると体色が暗めでくすんだ感じに、高温気味で飼育をすると体色は明るく鮮やかな色合いになります。これは体色を左右する色素の温度による活性の違いによるものです。直接健康に影響するものではありませんが、より明るい色合いを維持したい場合は28〜30℃前後で、より暗い色合いを維持したい場合は25〜27℃くらいで飼育するという選択肢もあります。

　人間の生活環境内にケージを置く場合は、夏季のエアコン使用などによる予想外の温度低下（床に近い部分は温度が他より下がるので注意しましょう）や、冬季の昼間はエアコンで温度が保てていても夜間には消すため温度が下がる（人間は就寝するため気付きにくい）などの思わぬミスが起こりがちです。体温を自力調節できる人間の主観ではなく、相手は外温に左右される爬虫類なのだということを忘れないようにしましょう。

　温度が低下する時期には前述したようにシートヒーターなどを使って体を温められる場所を作ってください。暑さにはかなり耐えますが、人間が熱中症になるような環境ではさすがに調子を崩すので、涼しい場所にケージを移すなど対処するようにします。

　繁殖を目指す場合は、冬季は保温飼育せずにクーリングを行い休眠状態にします。これについては別項で詳しく解説しますが、特に繁殖を行わないのであれば保温飼育し続けても問題はありません。

　これまで述べてきたとおり、ヒョウモントカゲモドキは温度の上昇にも下降にもかなりの耐性をみせますが、それが飼育個体にとってベストな環境かどうかはまた別の話なので、温度計を設置するなどして温度チェックは怠らないようにしましょう。

水の与えかた

　乾燥地のヤモリですが、ヒョウモントカゲモドキは水もよく飲みます。水入れから直接水を飲むことがほとんどですが、幼体などには保湿も兼ねて、夜間壁面に軽く霧吹きをしてやると、その滴も舐めたりします。

　幼体に多いですが水入れに体を浸すように使ったりすることもあり、その際に水入れの中で糞をしたりもします。水入れの水は汚れていないかその都度確認し、目に見えた汚れはなくても2〜3日に一度は必ず全て取り替えるようにしましょう。

餌の与えかた（活き餌の場合）

　基本的に肉食、主に昆虫食の生き物な

ので、野菜などを餌にして飼育することはできません。与えるのはコオロギを中心とした餌用昆虫になります。動いているもの、つまり生きているものを与えないと反応しないことがほとんどですが、慣れた個体では冷凍（解凍）したコオロギなどの動かない餌を食べることもあります。ここでは最も一般的な、生きたコオロギを与える方法を説明します。

　頭部は比較的大きく、顎も丈夫なヒョウモントカゲモドキには、比較的大きめの餌を与えることができます。頭の大きさよりもひと回り小さいくらいのコオロギをサイズの目安にすると良いでしょう。与える数は特に決まった数にする必要はありません。品種や大きさなど個体ごとに個性は異なるし、同じ個体でもお腹をすかせている時とそうでない時、周囲の気温が高い時と低い時などで、反応も食べる数も変わります。ピンセットなどで1匹ずつ給餌する場合は、差し出した餌を食べなくなるまでを目安とすると良いでしょう。複数のコオロギをケージに放って食べるに任せる場合は、4〜6匹くらいを放して、翌日残している分は回収し、次回以降は少し減らす、全てなくなっている場合は、次回以降の給餌時にもう少し増やしてみるなど調節してください。

　コオロギには、主にフタホシコオロギという黒い種類と、イエコオロギという明褐色の種類がありますが、どちらを利用してもかまいません。ただ、フタホシコオロギのほうがやや消化が良いようです。餌虫にはカルシウム剤と総合ビタミン剤の粉末をまぶして与えます。見落とされがちですが、この手間を省略してしまうとカルシウム不足などからくる骨代謝生涯になりやすいので、特に成長期の幼体や産卵前後のメスなどには十分なカルシウム給餌を心がけてください。

　同じく餌昆虫として売られているミルワームやジャイアントワームはあまり栄養バランスが良くないため、それ単体の常用には適していません。ただ、動きに反応が

カルシウム剤各種

イエコオロギ

総合ビタミン剤各種

フタホシコオロギ

コオロギを狙うヒョウモントカゲモドキ

良いため、食欲が落ちた個体が餌を食べるきっかけにすることなどに利用はできます。また、与えるワーム類にしっかりと栄養補助のサプリメントなどを食べさせて栄養バランスを良くし（ローディングと言います）、与える前にもコオロギと同じくカルシウム剤をしっかりまぶす（ダスティングと言います）などの補強を行うことに

よって、ワーム類の単用で終生飼育しているブリーダーも海外にはいます。ワーム類を給餌する場合は通常よりも高い温度（30℃以上）で飼育して消化を早めてやらないと未消化や吐き戻しの原因になってしまいます。また、ジャイアントワームは特に脂肪の比率が高く、ローディングやダスティングをして補強をしてもヒョウモントカゲモドキにとっては適した餌にはなりにくいです。ワーム類主体の給餌はたくさんの個体を同時に飼養せねばならない欧米のブリーダーが主に行う方法で、餌皿に次々とワーム類を追加していくだけで食べ残しを取り替えたりする手間を省くのが主目的なので、特にこうした意図がなければコオロギを使用するのがより良

いと思います。

餌の与えかた（配合飼料の場合）

上記のとおり、従来は活き餌あるいは冷凍昆虫を与えるのが基本とされていましたが、近年になってヒョウモントカゲモドキを主なターゲットとしたトカゲ・ヤモリ用の配合飼料が登場したことで給餌事情はかなり大幅に変化しました。

現在市販されている配合飼料は2種類あり、1つはアメリカ合衆国のレパシー社が発売した商品名「グラブパイ」という粉末飼料です。これはアメリカミズアブの幼虫（フェニックスワーム）を主原料として作られており、栄養価などを計算して単用しても問題ないようになっています。詳しい作りかたは商品の説明書に記してあるので省きますが、粉末状になっている中身を指定の分量の熱湯で溶き混ぜ、冷えてゲル状に固まったものを切り分けて与えます。できあがった状態でもある程度の保管（冷蔵2週間以内、冷凍1カ月以内とされています）が可能なので、作り置きしておくことも可能です。切り分けた状態のグラブパイは餌皿などに置いて与えるか、ピンセットなどで直接目の前に持っていって給餌します。

もう1つの配合飼料は、日本の（株）キョーリンから2017年に発売された「レオパゲル」という商品で、こちらはパックからすでにゲル状になった中身をチューブ状にひねり出し、適度なサイズにピン

グラブパイを食べるヒョウモントカゲモドキ

グラブパイ

レオパゲル

セットなどで切り取って与える方式です。このレオパゲルも昆虫が主原料で作られており、単用での飼育でも健康に問題ないことを実践して開発されています。こちらはより粘度が高いため餌皿などに置いて与えるのではなく、ピンセットなどで適度なサイズにちぎり取ったものをそのままヒョウモントカゲモドキの前に持っていって与えます。

どちらの配合飼料も嗜好性がかなり高く、多くの個体が好んで摂餌します。

これら配合飼料は昆虫類に比べて消化が早いので、昆虫を餌として与える場合よりも若干給餌ペースを上げてやると良いです。

従来の昆虫食のトカゲ用配合飼料に常について回っていた「栄養的に偏りがある」「においや味の問題で食いつきが悪い」という2つの問題点をクリアした新たな配合飼料の登場で、使用者は飛躍的に増えていっています。

ただしどちらの場合もそうですが、嗜好性が高いとはいえ、昆虫類を餌とする場合と違って個体によって好みがあり、中には興味を示さない個体もいます。100%の個体が食べるのではないということは頭に入れておきましょう。ショップによっては配合飼料に餌付け済みの個体は明記し

ているところもありますが、普通はショップでの管理には従来どおりの餌昆虫が使用されています。配合飼料に餌付けていくのは、あくまで飼育者が自分の飼育方法のためにカスタマイズして行う補助的なものです。どうしても活き餌あるいは冷凍の昆虫で飼育したくない、という飼育者のエゴをある意味押しつけているのですから、配合飼料を食べないあるいは食べなくなってしまったのであれば飼えないという前提では使用するべきものではないということは念頭に置いてください。

掃　除

糞や尿（ヒョウモントカゲモドキは液状ではなく、白い固まり状で尿を排出します）はできるだけこまめに取り除いてください。わりと決まった場所に糞尿をする習性があるので、その場所を重点的に掃除します。床材は排出量の多さや汚れ具合によっても異なりますが、週に一度くらいは全て取り替えたほうが良いでしょう。この他、2週に一度くらいの割合でケージ全体を丸洗いしてやるとより衛生的です。

ハンドリングについて

本来爬虫類は手で触れて楽しむものではないし、爬虫類自体が触れられて喜ぶなどということは決してあり得ません。触れられることに喜んでいるかのように眼を閉じたりするのは嫌がって目を守ろうとしているか、良くても単に気にしていないという程度のレベルです。触れたり撫でたりすることにプラスの感情を見いだすのは、人間側の思い込みであると心得てください。ただし、飼育ということなので、少しは触れてみたいと思うのは否定しきれないと思います。ヒョウモントカゲモドキは爬虫類の中でも、触れられることに対してさほど厭わず、また、触れることによるデメリットも他の爬虫類に比べるとあまりないので、多くは手で触れてみても大丈夫です。飼育動物を手に持つことを「ハンドリング」と言います。

ハンドリングする際は、まず相手を驚かさないように注意します。いきなり目の前に手を差し出したり、背中側からわし掴みにしたり、尾だけを摘んで持とうとしたりすれば、いかに飼育環境に順応したヒョウモントカゲモドキとはいえ、本能で捕食される危険を思い出し、暴れたり逃げようとしたりします（それでも、噛みついたりすることは滅多にないのが本種がペットとして人気が高い理由の一つです）。

まずは相手の腹側にそっと手を差し込んでやり、手のひら全体を使ってゆっくり持ち上げてやります。触れられることに慣れていない個体はここで、手足を突っ張って緊張するので、慣れるまではこの時点でしばらく経ったらケージに戻しましょう。慣れてきた個体は持ち上げられてもあまり動じないので、ゆっくりと背や尾を触ってもかまいません。ただし、頭の上に手をかざすのは止めましょう。頭は急所なので、ほぼ全ての動物が触れられるのを嫌がります。

ハンドリングする際は、相手の性格など特質にも注意しましょう。同じヒョウモントカゲモドキでも、ハンドリングに向いている個体とそうでない個体がいます。基本的に、どの個体でも幼体時は成体に比べて臆病で、神経質です。当然ながら触れられることも嫌がるので、ある程度大きくなるまでは手に持つことはできるだけ控えてください。臆病な幼体を無理に掴もうとすると、興奮して口を大きく開けたり、パニックになって尾を切ってしまうこともあります。亜成体以降になれば自然と性質も落ち着いてくるので、ハンドリングはそれから行うようにしましょう。また、アルビノなどの目があまり良くない品種は周りがよく見えないだけに他の品種より臆病です。こうした品種をハンドリングする際は、他品種よりもじっくり時間をかけて慣らし、驚かせる急な動きは控えるようにします。

品種による世話の仕方の違い

品種によっては通常個体より視力が悪いものなどがあるため、そうしたものには暗めの環境やシェルターの常設などを行って対応します。アルビノやRAPTORなどがそれに該当します。瞳に黒色色素を持たないこれらの品種では、他の品種の何倍も光に敏感なのです。また、あまり知られていませんがエクリプスも視力があまり良くない品種です。こうした品種にはシェルターを常設し、昼間のわずかな光からも逃れられるようにしてやりましょう。

エニグマとエニグマを使ったコンボ品種には、特有の首を振るような動きが見られます。この発現は個体によっても差があり、そうした動きをほとんどしない個体もいれば、首を傾けながらその方向に回転するような動きを繰り返すものもいます。行動以外の健康影響はないのですが、あまり首振りがひどい個体はうまく餌に狙いをつけられず、捕食が下手なことがあります。そうした個体にはピンセットから直接餌を差し出して給餌するなどのフォローが必要になります。投げ込み式で餌を与える際には、餌昆虫の脚を折るなどして動きを制限してから与えると良いでしょう。

PERFECT PET OWNER'S GUIDES

Chapter 3

Breeding of Leopard Gecko

ヒョウモントカゲモドキの
繁殖

繁殖の前に

ヒョウモントカゲモドキを飼育していると、自分でも繁殖を行ってみたいと思うことがあるかもしれません。爬虫類の中でもヒョウモントカゲモドキは繁殖がさせやすい種で、この種の繁殖成功を機に、他のヤモリ類やヘビ・カメなどの繁殖も行うようになる飼育者も多いです。爬虫類の繁殖において、入門的な位置にあるのがヒョウモントカゲモドキであると言えます。

ただし、ヒョウモントカゲモドキに限らず、繁殖は飼育者の誰しもが必ず行うべきではないということは頭に入れておきましょう。現在、改正動物愛護法によって動物の販売には業登録が必要となりました。せっかく繁殖できた個体でも、業者として登録がなければ不特定多数に販売することはできません。殖やした個体を生涯自分で飼育し続けるのであれば問題はありませんが、殖えているのに行き先がないのでは繁殖を行う意味がありません。殖えた個体を自分で飼育するのでなければ、行きつけのペットショップなどと相談して、引き取ってもらうことができるかなどを確認してから取りかかるようにしましょう。

繁殖の準備

繁殖の入門種といっても、成功するにあたってはある程度基本的なことを押さえておかなくてはなりません。まずは繁殖させるための絶対条件を考えてみましょう。

それは当然ながら、繁殖可能な大きさのオスとメスを揃えることです。繁殖可能な大きさというのはなかなか判断しづらいところですが、多くの海外ブリーダーが体重による目安を推奨しています。それによると、オスで体重がおおよそ45g以上、メスで50g以上くらいから繁殖可能とされています。標準的な全長と体重の比率だと、いわゆるアダルトサイズと呼ばれる成体になったときの大きさで、全長18cmくらいからがそのくらいの体重に該当するので、それを目安にしても良いでしょう。また、体重に加えてある程度年齢も考慮したほうが良く、オスで最低生後1年くらい、メスではもう少し育ててから（生後1年半から2年くらい）のほうが未熟卵の排出などのトラブルを避けやすくなります。いずれにせよ、メスはあまり若いうちに交尾を経験させると、その後の成長が鈍くなるので、幼体から育てて繁殖させる場合は1年以上順当に餌を与えて成熟させてから行うのが良いでしょう。

雌雄の判別

ヒョウモントカゲモドキをはじめとするヤモリの仲間は、比較的外観から雌雄の判別がしやすい種です。全体的にオスはメスよりも大柄でがっしりした体格、頭部は幅があり大型です。メスはオスに比べて丸みのある優しい顔つきで、やや小ぶりであることがほとんどです。

最も分かりやすい判別のポイントとなる場所は総排泄孔付近で、基本的に雌雄の

オスの総排泄孔。ヘミペニスが出ているところ。V字型に小さな鱗の列が並びます

国内のブリーダーの飼育部屋。清潔な状況が保たれ、飼育管理しやすいよう整然と配置されています

判別はこの部分を見ることによって行います（P.10参照）。成熟したオスは総排泄孔の付け根付近が2カ所ぽっこりと盛り上がります。これをクロアカルサックと呼びます。この中にオスのヘミペニスが収納されているのです。メスにはこのクロアカルサックはありません。ただし、個体によってはクロアカルサックがある位置がオスのように盛り上がったメスも存在します。その場合、オスの膨らみのように明瞭に2カ所が盛り上がるのではなく、全体がふっくらと張り出したようになります。

もう一つの判別点は、総排泄孔の上部（頭寄り）に並ぶ鱗の列の形状です。オスはこの部分に小さな穴の開いた鱗がVの字形に並び、くっきりと目立ちます。これを前肛孔と呼びます。メスはこの前肛孔が他の鱗と同じ大きさ・形をしており、V字が目立つことはありません。

クロアカルサックの有無と前肛孔の有無、この2つの特徴が組み合わさっていればほぼ確実に雌雄の判別ができます。ただし、これは成熟した個体に限っての話で、未成熟の幼体期から亜成体期にかけては前肛孔の発達が肉眼では分かりにくく（ルーペなどを使って拡大すると分かることもあります）、クロアカルサックの膨らみ具合で何となく判別をつけるしかないので、確実に雌雄を判別したい場合は成熟するまで待つ必要があります。

ヒョウモントカゲモドキをはじめとする爬虫類の一部は、孵卵時の温度によって性別が決定する性決定温度というものが存在します。孵卵温度が29.5～30.5℃の場合はオスとメスはほぼ半々の確率で生まれてきますが、26℃ほどの低温ではほぼメスに、32～33℃ほどの高い孵卵温度ではほぼオスが生まれます。おもしろいことに、孵卵

温度が34℃を超えると再びメスが生まれてくる確率が大半になります。こうした温度による性決定の特徴を利用して、決まった温度で孵卵することによって幼体時から高確率で雌雄判別を可能にするブリーダーもいます。ただし、性決定温度はあくまで理論上のもので、実際に設定した温度を上下させることなく厳密に管理することは難しい（温度を一定に保てる孵化器を利用しても、扉の開閉などで温度が変化する時間ができてしまう）ため、これも目安の一つとして考えたほうが良いでしょう。

いずれにせよ、雌雄が確実に判明するのは性差が表れる成体以降なので、早く繁殖を行いたい人は性別が分かっている成体を入手すると良いでしょう。

繁殖の手順～クーリング

ヒョウモントカゲモドキは年に1度繁殖期があります。自然下では冬季に温度が下がった後、繁殖のきっかけである交尾が始まります。飼育下でも冬季を疑似体験させてやることにより、繁殖を誘発できます。近年流通するヒョウモントカゲモドキは累代飼育を重ねていくうちに家畜化されているため、野生下のように季節による温度変化を体験しなくても、交尾をはじめとする繁殖行動を行う個体もかなりいますが、冬季の疑似体験（低温処理、またはクーリングなどと呼ばれます）をさせることによってその引き金をより確実にすることができます。

まずクーリングを行う前に、対象となる親個体がしっかりと太っていて、尾も十分

に太く脂肪を蓄えていることを確認してください。痩せ気味の個体はクーリングによる体力消耗の影響を引きずってしまうことがあるので、その年は繁殖に使わないようにします。

成熟した健康なオスとメスがいる場合、日頃しっかり与えている餌を切らすことから始めます。日頃与えている餌を止めて、1週間ほど経ったら糞の有無を確認しましょう。糞をしているようであれば最後に与えた餌を消化しきったということなので、いよいよ温度を下げていきます。日頃25〜30℃くらいで飼育しているようであれば、クーリング時の温度は18℃くらいが良いでしょう。いきなり温度を下げるのではなく、1〜2週間くらいかけて徐々に下げていくと良いです。難しいように聞こえるかもしれませんが、徐々に温度を下げていくのはそう複雑なことではありません。まずは2〜3日の間、飼育ケージに宛がっていたヒーターを取り除き、その後、もう2〜3日の間にケージの置き場所を部屋の床近くに移動させ（低い場所ほど同じ部屋でも温度が下がります）、さらに下げる必要がある場合はまた2〜3日かけて飼育部屋の外（廊下など）へ出すなどして、最終的な温度が18℃前後のになるよう段階を経て下げていけば良いのです。18℃というのは厳格に守る必要はなく、多くの場合、20℃程度の軽い温度変化でも発情するし、15℃以下くらいまでかなり寒くなってもきちんとクーリングは行われ、格段健康を害することもありません。

クーリングの最中は当然ながら餌をやることは控え（もっとも、代謝が低下しているので餌に対する反応は自然と鈍くなるはずです）ますが、水入れの水だけは切らさないようにしておきます。たいていの場合、クーリングして体温が低下するとヒョウモントカゲモドキの体色は鈍くなり、くすんだような色合いになりますが、温度が上昇するに従って再び色みは戻るので心配する必要はありません。

こうして底辺まで温度を下げたら、1カ月くらいの間そのままにしておきます。この間も餌は与えず、水飲み切らさないよう注意します。ヒョウモントカゲモドキの太い尾には脂肪を蓄える働きがあるため、クーリング中はこれを燃焼させてエネルギーとしています。繁殖にはしっかり太った個体が必要なのは、このためです。

1カ月くらい低温期を保った後は、また2週間ほどかけてゆっくりと元の飼育温度に戻していきます。元の飼育温度に戻ったら、ひとまずクーリングは完了です。

繁殖の手順 〜交尾

次にいよいよ繁殖の直接の要因となる交尾をさせるため、雌雄を同居させます。オスをメスのケージに入れるか、メスをオスのケージに入れるかは人によって意見が分かれるところですが、どちらが良いというものでもなく、平たく言うとどちらのやりかたでもかまいません。

初めは見慣れぬ相手に戸惑っていますが、やがてオスが尾を激しく震わせてメスにアプローチします。かなり激しい音を立てることもあるので驚くかもしれません

ペアリング

相性をよく観察しましょう

交尾

が、そのままけんかになることは滅多にないので引き離さず、様子を見てください。メスにその気があればすぐに尾を持ち上げ、オスを受け入れる体勢を作ります。オスはメスの首元を軽く噛み、体勢を保持して交尾が始まります。雌雄をケージに入れてすぐにオスのアプローチが始まらない場合や、メスがオスに対してノーリアクションの場合もあります。そうした場合もそのままひと晩以上（2〜3日くらい）一緒にし

ておくと、交尾は行われていることが多いです。あまりにもメスがオスを嫌がるようであればその場は離し、1週間ほど経ってから再び見合わせてみます。それでもメスがオスを避けるようであれば、ペアの相性が良くないということになるので無理に同居をさせ続けないほうが良いでしょう。

交尾の際は、オス1匹に対して複数のメスを同居させてもかまいません。野生下では、ヒョウモントカゲモドキは1匹のオスに

対して複数のメスというハーレムを形成しているので、オス複数が同居していなければ、問題なく交尾できます。

同居後数日経過したら、オスとメスは再び別々に離して個別に飼育したほうが良いでしょう。メスが抱卵した後もオスの盛りは止まらないので、あまりずっと一緒にしておくと、メスの負担になることがあるためです。交尾の確率を高めたい場合は、オスメスを離した後にもう一度数日間同居させてやって機会を二重に作ってもかまいません。

繁殖の手順
～抱卵から産卵

交尾を行ったメスは、卵を作る栄養を補うため食欲が倍増します。この時期に餌の量や質を十分に高めないと、良い卵を産まないばかりかメスの栄養障害まで引き起こしかねないので、しっかりとカルシウムやビタミン類を補った餌昆虫を存分に食べさせてください。日頃より給餌間隔を狭めてみて、餌への反応が鈍らないようであればそのまま与え続けます。

交尾後10日ほど経つとメスの腹部にうっすらと卵が透けて見えてきます。この状態を抱卵と呼びます。ヒョウモントカゲモドキの場合、一度に産む卵はほぼ例外なく2個なので、2つの白い影がメスの腹部に透けて見えるでしょう。ただし、個体によっては腹部が透けにくい個体もいるので、卵の影が見えないからといって必ずしも抱卵していないとは言い切れないので注意。抱卵している期間は個体によって開きが大きく、短い個体では2週

間ほどで産んでしまいますが、長いと2カ月近く卵を持ったままのこともあります。

産卵が間近になると、メスの腹部は臨月のようにパンパンになります。いよいよ産卵という時にはメスの食欲が急に止まるため、突然餌食いが止まったら産卵が間近だと思ってください。メスはケージの中をせわしなく動き回り、壁際などをカサカサと掘るような行動を行うでしょう。これは産卵に適した場所を探し、穴を掘りたがっているためです。この行動を取る前、できればメスのお腹がかなりふくれてきた時点くらいから産卵のための場所を用意してやります。

産卵スペースはメスの体がすっぽり入る深めのタッパーなどに、軽く湿らせた（手でぎゅっと絞って水分が出ないくらい）バーミキュライトや黒土などを敷いたものを用意します。タッパーは蓋付きのものを使い、メスが通れるくらいの穴を空けておくと、掻き出した産卵床が外にこぼれにくいため便利です。産卵床が気に入ればメスはそこに入って、床材に穴を掘って産卵します。なお、せっかく産卵床を用意しても、ケージの片隅などに産んでしまうメスもいます。そうした場合も産み落としてからあまり時間が経たないうちに孵卵用の容器に移せば卵が干からびてしまうことはないので、諦めず回収しましょう。また、水入れの中に卵を産んでしまう場合もあるので、産卵が間近だと感じたら水入れを取り除き、壁面への霧吹きなどで給水するようにすると良いでしょう。水入れの水の中に産み落とされた卵は、呼吸ができずに死んでしまうことが多い

ためです。

　確実なことではありませんが、産卵は満月の日やその前後に行われることがかなり多いので、月齢表なども産卵日の目安の一つとして活用すると良いです。

　1度に産む卵（1クラッチという単位で数えます）は2つですが、1シーズンでメスは3～5クラッチ前後の産卵を行います。おおよそ初回の産卵から1カ月後くらいに、次のクラッチの産卵が始まることが多いです。つまり、年間で計6～10個くらいの卵を産むわけです。

繁殖の手順 ～孵卵

　産卵床に卵が産み落とされたら、なるべくすみやかに回収します。卵はケージの中に残しておくとメスに転がされてしまったりすることもあって孵化率が下がるので、安定した気温・湿度の場所に産み落とされた位置を変えないまま保管する必要があるのです。これを孵卵（インキュベーション）と言います。産み落とされた卵を確認したら、まずは上下を変えないようにマジックなどで上部に印を付けます。万が一卵が転がってしまっても、上下をすぐに確認できるためです。その後、卵をゆっくりと取り出します。ヒョウモントカゲモドキの卵は鶏の卵などのように硬い卵殻に覆われているのではなく、弾力性のある皮のような質感の殻にくるまれています。そのため、多少力加減を間違っても割れてしまうことはありませんが、なるべく優

しく扱ってやりましょう。

　産卵床から取り出した卵は、孵卵床に移します。孵卵床はプリンカップなどのような容器にバーミキュライトと水を混ぜたものを詰めて作ります。重量比でバーミキュライト6に対して水が4くらいの割合にするとちょうど良いとされますが、厳密に計測しなくとも一度水をかけて湿らせたバーミキュライトを、手で固く絞って水滴がしたたらないくらいすると思ってください。孵化材はバーミキュライトに限らず、ある程度水分を含むことができて材質変化がしにくいものであれば何でも良いです。赤玉土なども使えるし（色みで保湿具合が分かるので便利です）、パーライトを主原料とした孵化専用の材もいくつかのメーカーから市販されているので、そうしたものを使っても良いでしょう。この場合は商品の使用説明書をよく読んで水の割合を決めます。こうしてできた孵卵床に、卵の上下を変えないように並べます。孵卵床を軽くくぼませてから卵を置き、卵が転がらないようにすると良いでしょう。

　孵卵床と卵を入れたカップには蓋をしますが、内部の湿度が80〜90％くらいになるようにします。蓋をしたカップの内部がうっすら曇るくらいがベストで、蓋部分にいくつか通気口を開けるなどして湿度の保ち具合を調節すると良いです。

　このカップごと温度変化の少ない場所において孵卵をするのですが、温度調整ができる専用の孵化器（インキュベーター）も市販されています。これはかなり精密に温度をコントロールできるため、

抱卵したメスの腹部

産卵床の一例

孵化効率を上げたり性決定温度をコントロールしたいブリード指向の飼育者におすすめです。孵化器を使用しなくとも、温度が26〜32℃ほどで変化があまりない場所（たとえば飼育部屋の棚の上など）に安置する方法でも孵化させることができます。温度変化が激しい場所や、直射日光が当たる場所、常時25℃以下または35℃以上になってしまう場所などは避けます。

孵卵中の卵

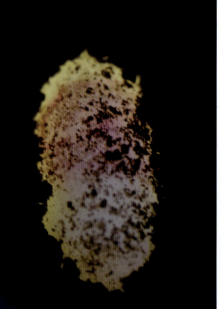
ライトで照らした卵。血管が見え、
順調に発生しているのがわかります

孵卵容器

親の情報や産卵日などをメモしておくと良いです

孵化

　孵化までの日数はメスの抱卵期間同様に開きがあり、短いものでは1カ月強ほど、長いもので2カ月ほどで孵化します。高めの温度で孵卵しているほうが早く孵化する傾向にありますが、一概には言えません。孵卵中に大きくへこんでしまったり色が変わってしまった卵は、発生が途中で止まってしまった可能性が高いので、時期を見計らって破棄します。卵の殻にカビが生えることもありますが、これは卵の生死とは無関係の場合もあるので、ティッシュなどで軽く拭き取って取り除いてやります。

　順調に育つと卵は産卵直後よりも大きくなり、孵化近くになると張りが出てふっくらとします。孵化直前になると卵の表面に水滴が付いたようになり、薄い切れ目が入ります。これは内部から幼体が殻を破っているため。幼体が自力で卵の外に出てくるまで手を触れてはいけません。つい手を貸してやりたくなりますが、へその部分に繋がっている卵黄を体内に吸収しながら外へ出てくるので、人間が無理に外に出してやるとうまく吸収ができなくなることがあります。

　完全に殻を破って外に出た幼体は、ひと晩孵化容器の中で過ごさせます。翌日になったら孵化容器から飼育容器に移しましょう。孵化直後の幼体は成体よりも乾燥に弱いため、湿らせた水苔を詰めたタッパーなどをケージ内に入れてやると良いです。数日中に初めての脱皮を行いますので、その後初給餌を行ってください。孵化してしばらくは体内に卵黄が残っているため、それを吸収しきるまで餌を捕らないこともあります。すぐに餌を捕らないからといってあまり焦らないようにしましょう。一度餌を食べ始めたら、温度を成体よりも高めにしてどんどん成長させます。幼体期にしっかり給餌して温度を高く保っておくと、後の発色も豊かになります。

遺伝について

　遺伝には複雑な事柄や法則も多く、詳細に説明していくとそれだけで1冊の本ができあがってしまうくらいです。ここでは非常にざっくりとした説明の仕方になってしまいますが、ヒョウモントカゲモドキの品種の遺伝形態について解説します。ヒョウモントカゲモドキの品種には主に4つの異なる伝わりかたをする遺伝形態があります。

　1つは優性遺伝と呼ばれるもので、これは優性遺伝の品種Aと通常色（ノーマル）を掛け合わせた場合、次世代に半分の確率でA品種が生まれます。残る半分はノーマルとなります。2番目は劣性遺伝と呼ばれるもので、これは劣性遺伝の品種Aとノーマルを掛け合わせた場合、次世代には見ためがノーマルで、遺伝情報だけAの因子を持った個体が生まれます。この状態をヘテロAと呼びます。ヘテロAの見ためはノーマルで、Aの見ためは反映されませんが、ヘテロA同士を交配するとその次世代に再びAが25％の割合

孵化直後。すぐに取り出さず、ひと晩はそのまま容器の中で過ごさせます

で出現します。つまり、孫の世代で先祖返りが起きるのです。そして3番目の遺伝形式は共優性遺伝と呼ばれるものです。共優性遺伝は少々特殊な遺伝で、優性遺伝と同じく共優性遺伝の品種Aとノーマルとの交配では次世代に半分の確率でA品種が生まれます。優性遺伝と異なるのは、品種A同士で交配した場合で、優性遺伝では品種A同士で交配すると、次世代に生まれるAの確率がノーマルと交配した時より高まるだけで外観に変化はありませんが、共優性遺伝の場合は品種A同士で交配させると、次世代に25%の確率でAとは見ためが異なるA'という品種が生まれます。このA'はスーパー体と呼ばれ、多くの場合はスーパーAと呼ばれます。スーパー体であるA'同士での交配では次世代は100%の割合でA'が生まれ、A'とノーマルの組み合わせでは次世代に半分の確率でA、もう半分の確率でノーマルが出現します。A'とAとを交配させると、50%の確率でA'、もう50%の確率でAが出現します。ヒョウモンカゲモドキの品種ではマックスノー（P.88）がこれに該当し、マックスノー同士の交配で次世代にスーパーマックスノー（P.94）が一定確率で誕生します。

　最後の遺伝形態はポリジェネティック（Polygenetic／多因生成遺伝）という遺伝法則で、これは同じ血統のものが似通った形質になる、つまり親の形質が子に表れる遺伝です。上記3つの遺伝形式とは違い、単純な確率や計算式では次世代を予測することが難しいですが、端的に言ってしまうと同じ血族の似た個体同士を掛け合わせることによって、よりその血筋の特徴が強まるというものです。

　以上、4つのうちのいずれかが、現状作出されているヒョウモントカゲモドキの品種の遺伝形態です。品種が2つ以上組み合わさったものはコンボモルフといい、遺伝形態はそれぞれが持つ遺伝形態を引き継ぐので、複数の異なる遺伝の仕方をする品種が組み合わさったコンボ品種ももちろん存在します。

　自らコンボモルフを作出したり、次世代に狙った品種を出現させるには、自分の所持している親個体がどのような遺伝をする品種であるかを正しく理解しておく必要があります。

PERFECT PET OWNER'S GUIDES

Chapter 4

Picture book of Leopard Gecko

モルフ
カタログ

"野生色"

Wild Type

ヒョウモントカゲモドキの本来の色彩が野生色です。何も手を加えていないことから「ノーマル」と呼ばれることもあります。幼体時は白あるいは薄い黄褐色の地色に、太い黒いバンドが並びます。バンド模様は成長するにつれて不明瞭になり、最終的には黒い不規則なスポットの集まりとなります。地色部分にも細かな黒い斑点が出てくることが多々あります。

ヒョウモントカゲモドキの繁殖が進むにつれて、流通のほとんどは繁殖個体となり、野生個体は原産国の政情不安定などもあって流通が極端に少なくなりました。現在（2017年）では野生個体の流通はほぼ皆無と言ってよいほどです。

繁殖個体が大半を占めるようになった結果、現在、ブリーダーの元で生み出されるヒョウモントカゲモドキはほぼ何かの品種であるか、見ためはノーマルでもいずれかの品種の遺伝子を持っていることが大半を占めるようになりました。何の品種の血も入っていない野生型をなかなか見かけなくなってしまいました

が、最近ではそのことに注目したブリーダーが種親として保持していた野生個体同士から直接採った子供を、あえて「ピュアブラッド」「ワイルドストレイン」といった名称でリリースし始めています。基本品種のハイイエローが「ノーマル」と呼ばれることも多いため、それと区別する意味もあるのでしょう。

野生色にはいくつかタイプがあります。分布地によって種親の形質がやや異なるため、それらをきちんと区別して繁殖させているブリーダーがほとんどです。タイプの違う野生型にはそれぞれ亜種の名称が付けられていますが、ヒョウモントカゲモドキの亜種分類は曖昧な点も多いため、亜種の名を付けられたタイプの1つであると考えたほうが良いでしょう。野生表現ながら、これらは一種の品種であるとも言えます。

近年では野生型それぞれのタイプにアルビノなどの品種を再度掛け合わせ、「野生型の特徴＋品種の特徴」を持ったコンボ（複合）品種をつくる試みもあります。

> Chapter 4 ヒョウモントカゲモドキ図鑑

マキュラリウス Macularius
別名：パンジャブ、ワイルド、ノーマル

　ヒョウモントカゲモドキの野生型の1つで、国内外問わず野生個体が流通していた頃に最も多かったのがこのタイプです。ヒョウモントカゲモドキのうち、基亜種（基本となる亜種）*Eublepharis macularius macularius* にあたるとされており、亜種小名を読んで「マキュラリウス」と呼ばれます。また、基亜種の基準産地（学術記載される際に元となった標本個体が採れた場所）から「パンジャブ」とも呼ばれます。パンジャブとは、パキスタンのパンジャブ州のことです。

　マキュラリウスは基準である基亜種とされるだけあって、その色形は典型的な野生のヒョウモントカゲモドキらしく、黄褐色の地色に細かな黒いスポットが散ります。地の色は他の亜種とされるタイプより黄色が強く、品種「ハイイエロー」の元となったのは、野生型のうちこのマキュラリウスタイプであるとされています。

　タイプとしての特徴とは別に、ヒョウモントカゲモドキは飼育下で繁殖が進むと世代が進むにつれて色みが明るくなっていく傾向があるので、現在、野生型で販売されている個体の中にはハイイエローと呼べるレベルに黄色みが強い個体も多くいます。

野生個体

野生個体のF1

野生個体のF1

以前流通していた野生個体

042　Chapter 4　モルフカタログ／野生色　Wild Type　　　　PERFECT PET OWNER'S GUIDES

マキュラリウス Macularius

野生個体（2006年に流通したもの）

ピュアワイルドタイプ

野生個体

野生個体のF1

PERFECT PET OWNER'S GUIDES　　ヒョウモントカゲモドキ　043

モンタヌス Montanus
別名：モンテン、ノーマル

Chapter 4
ヒョウモントカゲモドキ図鑑

大野生個体（2007年に流通したもの）

　ヒョウモントカゲモドキの野生型の1つで、亜種 Eublepharis macularius montanus にあたるとされており、亜種小名を読んで「モンタヌス」と呼ばれます。montanus とは「山の」という意味で、この亜種が山岳部にいることを示しています。ラテン語で「山」を意味する「monte」が語源で、元となった monte から「モンテン」とも呼ばれます。

　モンタヌスは他の野生型に比べて成体の黒いスポットが数多く入り、そのスポットが連続的に並んでストライプのようになることもあります。地の色も黒みが強く、黄色というよりは褐色から黒褐色です。幼体も、他の野生型に比べて黒みが強いとされます。タイプとしての特徴とは別に、飼育下で繁殖が進むとヒョウモントカゲモドキは色みが明るくなっていく傾向があるので、現在野生型で販売されている個体の中にはハイイエロー並みに黄色みが強い個体もいます。

　なお、近年流通が増えてきた別なタイプの「モンタヌス」もいます。これは先に挙げた特徴とは全く異なる、白みが非常に強く黒斑も少ない見ためをしています。こちらの血統も野生個体の血筋であることは間違いないようなので、おそらく「montanus」として流通した別なタイプの野生個体から累代されたもので、名称が同じでもタイプが異なるのでしょう（同じ現象は「アフガン」でも起きています）。この白いタイプのモンタヌスはヨーロッパで殖やされており、最近ではアメリカ合衆国にも血筋が渡ってアメリカの繁殖個体にも白いタイプが見られるようになってきました。両タイプは見ためで分かりやすい違いを持つので、できれば別な血筋として分けて考えたいところです。

白いタイプ

白いタイプ

白いタイプ

アフガニスタンとパキスタンのボーダーで採集されたという情報付きで輸入された個体で、タイプでいうならモンタヌス

ヒョウモントカゲモドキ

ファスキオラータス Fasciolatus

Chapter 4 ヒョウモントカゲモドキ図鑑

　ヒョウモントカゲモドキの野生型の1つで、亜種 *Eublepharis macularius fasciolatus* にあたるとされており、亜種小名を読んで「ファスキオラータス」と呼ばれます。*fasciolatus* とは「帯状の」といった意味で、この亜種の模様を示しています。
　ファスキオラータスは他の野生型に比べて、成体の黒いスポット同士が繋がってラインのようになる傾向があります。つまり、黒い部分がよりくっきりとコントラストをなし、帯状に見えることが多いのです。地色は明褐色ですが、全体的に黄色みが薄くやや白っぽい傾向にあります。黒いスポット部分ははっきりしている一方で、地の色はすっきりとしておりあまり黒ずみません。また、黒バンド部分の地色は黒というより薄紫の場合が多く、成体になってもこの部分に薄紫が残ることが多いです。

　吻端はやや尖り気味で、尾は長く、全体的にやや細長い体型をしています。

PERFECT PET OWNER'S GUIDES

アフガン Afghan
別名：アフガニクス

Chapter 4
ヒョウモントカゲモドキ
図鑑

アフガン TypeA の成体

　ヒョウモントカゲモドキの野生型の1つで、亜種 *Eublepharis macularius afghanicus* にあたるとされています。アフガニスタンの南東部に分布しているとされ、そのことから「アフガン」と呼ばれます。また、亜種小名を読んで「アフガニクス」とも呼ばれます。どちらも意味は同じです。

　特徴は、他の野生型に比べてひと回り小柄で、体型もややずんぐりしていること。体色は黄色みの強い黄褐色で、黒いスポットが繋がって囲みのような模様を形成します。スポットが密集するバンド部分の地色は、他の野生型では黒ずんだり薄紫だったりしますが、このタイプではバンド部分の地色もバンド以外の部分の地色と同じです。薄紫や暗色の部分が胴に少ないので、虎柄のように見えます。

　これとは別に、日本ではもう一つ、あきらかに外観の異なるタイプもアフガンの名で流通します。後者のアフガンは、欧米由来のアフガンとは逆に他の野生型に比べてひと回り大柄で、吻端は細長く、全体的にひょろ長い印象を受けます。体色は全体的に白みが強くて明るく、バンド部分の地色は成体でも薄紫がかることが多いです。黒いスポットは全体に散りますが、

048　Chapter 4　モルフカタログ／野生色 Wild Type　PERFECT PET OWNER'S GUIDES

アフガン TypeA の幼体

アフガン TypeA

アフガン TypeA

PERFECT PET OWNER'S GUIDES　　　ヒョウモントカゲモドキ

マキュラリウス／Macularius

アフガン TypeB の野生個体

アフガン TypeB の若い個体

真っ黒でなく焦げ茶色のことも多くあります。特に頭部にはスポット模様が密集します。

　2つのタイプはかなり特徴が対照的なため、混乱を避ける意味も兼ねて本書では、欧米でブリードされている小柄で黄色みが強いタイプをアフガン Type-A、日本由来の大柄で白っぽいタイプをアフガン Type-B として分けて紹介します（type-○○というのは本書のみの呼びかたなので注意してください）。両者の違いは、元となった種親がそれぞれ異なるタイプだったものの、どちらも「アフガニクス」として流通していた野生個体だったため生じた

ものと思われます。注意してほしいのは、どちらかが「正しいアフガン」で一方は間違っている、というものではない点です。元来野生個体を元にした血統交配なので、たまたま名称が一緒になった異なる野生由来血統の別な品種であるというように考えたほうが良いでしょう。

アフガン TypeB

050　Chapter 4　モルフカタログ／野生色 Wild Type

"単一モルフ" (色彩の変異)

Single Morph — color

こからは純粋な意味での飼育品種となります。品種というのは飼育下で、ある特徴が強い個体同士を選別して交配していったり、遺伝的な突然変異などを累代繁殖によって固定して得られる、本来の野生のものとは異なる特徴を持った集団です。

品種には遺伝子によって子へと遺伝（遺伝の仕方にも複数の種類があります）するものもあり、その血統同士で交配することにより形質が安定していくものもあります。ヒョウモントカゲモドキの飼育（そして多くの爬虫類の飼育）では、これらをひっくるめて品種と呼んでいます。中には厳密な意味での品種には当てはまらず、個体に出た表現の呼びかたであるものも含まれます。

ここでは、そうした品種のうち1つの特徴だけを持った「単一モルフ」を紹介します。モルフとは「表現型」というような意味です。

表現の出方は品種によってさまざまなものがあります。それがどのように子へと遺伝するかは、それぞれの品種によって異なります。次世代以降で複数の品種が重なって、表現型が重なっていくと「コンボ品種」あるいは「複合モルフ品種」になりますが、単一モルフの品種達はそれらの基礎と言ってもよいでしょう。

まずは、主に体色の変異である色彩変異である品種たちを紹介します。

| PERFECT PET OWNER'S GUIDES | Chapter 4 ヒョウモントカゲモドキ図鑑 |

ハイイエロー
High Yellow
別名：ノーマル

　ヒョウモントカゲモドキの品種のうち最も古いものです。全てはここから始まりました。ハイイエローが初めて飼育下で出現したのは1972年頃と言われています。

　野生個体を元にした繁殖個体の中から、体の黄色みが強い個体を選別交配して作成されました。選別交配のため遺伝として固定されているわけではありませんが、子に形質が引き継がれやすい要素を持っているため、その後の繁殖個体はどれも徐々にハイイエロー化していっています。ゆえに「ハイイエロー」でも黄色の出方や色みなどはかなり幅があり、一部ではさらに選別交配を重ねて独自の血統として別な呼び名が付けられていることもあります。たとえば、アメリカ合衆国のJMG-Reptile社がハイイエローからさらに選別交配した「ハイパーザンティック」という品種があります。これは黄色い部分はより色濃く、黒いスポットやバンドの部分はよりくっきりと明瞭に黒くなることを目指して選別交配し作成された品種です。ハイパーザンティックとは「非常に黄化している」という意味で、古くはハイイエロー自体の別な呼び名でもありました。現在の流通上ではJMG社が作った選別交配品種をハイパーザンティックと呼び分けています。

052　Chapter 4　モルフカタログ／単一モルフ（色彩の変異）Single Morph — color　PERFECT PET OWNER'S GUIDES

ハイイエロー／High Yellow

ハイパーザンティック

ハイパーザンティック

　ハイイエローは現在では基本中の基本となっており、おそらくほとんどの個体にその血が入っています。今では野生色の表現型の個体のほうが少ないため、あえてハイイエローを「ハイイエロー」と名付けずノーマルと同義で扱うことも、ブリーダーによってはハイイエローこそを「ノーマル」と呼んで野生型の個体を品種扱いすることもあります。

PERFECT PET OWNER'S GUIDES

タンジェリン Tangerine

Chapter 4
ヒョウモントカゲモドキ図鑑

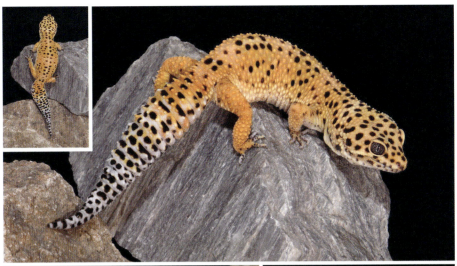

タンジェリンが非常に強く発色したエニグマ

　タンジェリンとはミカンやデコポンなどに近縁な柑橘類の一種のことで、その鮮やかなオレンジ色に因んで名付けられました。地色部分が濃いオレンジ色になる品種です。現在、ほとんどのタンジェリンは同時にハイポメラニスティックの表現も出ているハイポタンジェリン（P.58参照）でもあります。ただし、黒いスポットを消すハイポタンジェリンにはどうしても地色のオレンジも明るく抜けた色合いになる特徴が合わせて出るため、地色を深く濃いタンジェリン色にすることに重点を置き、ハイポを分離させた「ノンハイポタンジェリン」をあえてつくっているブリーダーもいます。

　こうした例外を除く一般には、タンジェリンという呼び名のみではあまり使われなくなっており、品種というよりも個体の特徴を表す用語として使われることのほうが多いです。（例：「タンジェリンがよく発色している」「この○○（品種名）は、タンジェリンヘッド（頭の色が強いオレンジの状態）だ」など）

ハイポメラニスティック&スーパーハイポメラニスティック

Hypo Melanistic & Super Hypo Melanistic
別名：ハイポ、スーパーハイポ

Chapter 4 ヒョウモントカゲモドキ図鑑

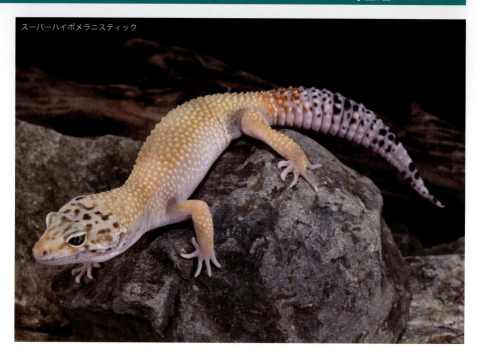

スーパーハイポメラニスティック

　ハイポメラニスティックとは「黒色色素が減少している」という意味で、ハイイエローの中でも黒い斑点や地色の黒ずみが減退して、全体的に明るい体色をしたもの同士を交配させていくことによってつくられました。体色は黄色く、通常、黒いスポットが集まってバンド状になるはずが、その数が減っているため、少量の黒い点だけが散りばめられたような外観です。ハイポメラニスティックを短縮して、「ハイポ」と呼ばれるのが一般的です。ハイポの条件は上記のとおり黒い色素が減少していることですが、「胴体部分に散る黒いスポットの数が10個以下」という基準を定義にする場合もあります。いずれにせよ、黒い色の部分が非常に少ない選別品種ということになります。

　スーパーハイポは「スーパーハイポメラニスティック」の略で、より黒いスポットの数が減少して、胴体部分には黒いスポットがほぼないか、あるいは皆無であるものを指します。ただし、ハイポとの厳密な区別点はありません。スーパーハイポの「スーパー」は、「非常に」といった強調の意味合いなので、後ページで紹介する「スーパーマックスノー」など共優性遺伝子の表現に使われる「スーパー」とは意味が異なります。

　ハイポ、スーパーハイポとも頭部や尾の黒点については勘定されませんが、多くの場合頭部や尾の黒いスポットも数が減っており、場合によっては「ボールドヘッド（P.66参照）」が合わさっていることもあります。

スーパーハイポメラニスティック

ハイポメラニスティックの幼体

ハイポタンジェリン&スーパーハイポタンジェリン

Hypo Tangerine & Super Hypo Tangerine
別名：ハイタン、スーパーハイタン、SHT

Chapter 4 ヒョウモントカゲモドキ図鑑

ハイポタンジェリン

　ハイポに加えてタンジェリンの発色も見られるモルフで、地色が鮮やかなオレンジ色で黒いスポットが少ないのが特徴です。特に胴体部分のスポットがほとんどないものはスーパーハイポタンジェリンと呼ばれます。名前が長いので「ハイタン」「スーパーハイタン」と略されたり、書き文字ではスーパー・ハイポ・タンジェリンの頭文字から「SHT」と略されることもあります。これにキャロットテール（P.66参照）も発現している場合は「スーパー・ハイポ・タンジェリン・キャロット・テール」から「SHCT」と書かれたりします。

　ハイポタンジェリン／スーパーハイポタンジェリンは、ポリジェネティック（Polygenetic／多因生成遺伝）という遺伝法則で、これは同じ血統のものが似通った形質になる、つまり親の形質が子に表れる遺伝です。

スーパーハイポタンジェリン

スーパーハイポタンジェリン

スーパーハイポタンジェリン

スーパーハイポタンジェリン

アトミック

アトミック

アトミック

060　Chapter 4　モルフカタログ／単一モルフ（色彩の変異）Single Morph — color

ハイポタンジェリン&スーパーハイポタンジェリン　Hypo Tangerine & Super Hypo Tangerine

インフェルノ

タンジェリントルネード

タンジェリントルネード

タンジェリントルネード

　ハイポタンジェリン／スーパーハイポタンジェリンには、同じ品種名でも複数の血筋があり、できるだけ同血統同士で交配し続けていかないと、だんだん色の表現が鈍くなっていくことがあります（つまり、親に似なくなってきます）。これを避けるため、いくつかのブリーダーは自分の殖やしている血統にブランド名を付け、血筋を分かりやすくすると共に、同じハイポタンジェリン／スーパーハイポタンジェリンにカテゴライズされる中でも、微

エクストリームサンバーン

エクストリームサンバーン

妙な色み表現の違いをより明確にすることに力を注いでいます。

　ブランド名の付いたハイポタンジェリン／スーパーハイポタンジェリンは多数あり、零細ブリーダーのつくっているものなどを加えると枚挙にいとまがありませんが、ここでは目にする機会の多いものを中心に紹介していきます。

　比較的古くから作られていて、他のハイポタンジェリン血統と交差させにくいニーヴィスタンジェリン、赤とオレンジの発色が強いSHTCTで頭部もボールドヘッドになるHiss社のエレクトリック、黒い点は残りがちな反面、濃い赤も出るブラッド、ブラッドを元に黒色素を取り除いたJMG Reptile社のブラッドハイポ、エメリン（P.68参照）とブラッドハイポをミックスして色みをより高めたサンバーン、The Urban Gecko社作で赤やオレ

ハイポタンジェリン&スーパーハイポタンジェリン　Hypo Tangerine & Super Hypo Tangerine

ヒョウモントカゲモドキ

ホットエース

レッドペッパー

レッドペッパー

Chapter 4 モルフカタログ／単一モルフ（色彩の変異）Single Morph — color

ハイポタンジェリン&スーパーハイポタンジェリン／Hypo Tangerine & Super Hypo Tangerine

エレクトリック

エレクトリック

ンジが非常に強いタンジェリントルネード、Albey's "Too Cool" Reptiles 社作の「焼け焦げた」を意味するトリッドなどです。

　上記に挙げた以外にもハイポタンジェリン／スーパーハイポタンジェリンにはさまざまな血筋があり、当然ながら特にブランド名が付かず単に「ハイポタンジェリン」あるいは「スーパーハイポタンジェリン」の名で流通しているものも多々あります。むしろそちらのほうが主流と言うべきでしょう。こうした中から自分好みの色調を選び、オリジナルのハイポタンジェリンの血筋を目指してブリードしていくのも楽しみの1つです。近年では国内のブリーダーも、オリジナルの血筋を固めていったり、複数の血統をミックスしてより色みの強い血筋をつくり出したりとクオリティーの向上が顕著です。

キャロットテール&ボールドヘッド&ハロウィンマスク

Carrot-tail, Baldy-head & Halloween-mask

　キャロットテールは、尾に濃いオレンジが乗ってニンジンのように見えることから名付けられています。その定義はあまり厳密ではありませんが、尾の面積の15％以上くらいにオレンジが出ていればそう呼ばれることが多いようです。中には尾の先端近くまで濃いオレンジに覆われたものも存在します。

　ボールドヘッドとはBaldy-Headのことで、「禿げた頭」を意味します。頭部の黒い斑点が消失した状態を示します。これで頭部の地色が濃いオレンジの場合は「キャロットヘッド」と呼ばれることもあります。

　ハロウィンマスクはハロウィンで使うお化けの仮面のことで、頭部の模様が複雑に入り組んで人の顔やドクロのように見えるものをそう呼びます。

　これらは遺伝を伴うものではなく個体の状態を示すもので、品種によって出やすい出にくいといった傾向はあるものの、ほとんどの品種に付随して一定割合で出現します（品種の特性として、これらが発現しないものもあります。例：ブリザードなど）。よって、ほとんどの場合単体では使わずに「○○キャロットテール」や「○○ハロウィンマスク」などと品種名の後に付帯情報のように名を続けます。なお、ボールドヘッドに関しては品種名に入っていることはそれほどありませんが、ブリーダーなどが個体の特徴を説明する際

頭部に一切模様が入らない状態がボールドヘッド

Chapter 4
ヒョウモントカゲモドキ
図鑑

キャロットテールがよく出ているスーパーハイポタンジェリン

尾のほぼ100％にキャロットテールが発現し、ボールドヘッドも発現している個体

頭部の模様が人の顔のように見える状態がハロウィンマスク

ハロウィンマスク

近年ではその特徴のみを抽出した品種と呼べるハロウィンマスクも出現しています

に用いることがあります。ちなみに、ボールドストライプ（P.100）の「ボールド」とはスペルが異なり、無関係です。

近年ではハロウィンマスクの特徴を持った選別交配個体が同名の独立品種として流通することもあります。この場合は仮面のような頭部の模様が特に太く、逆に胴体には模様があまり入らない個体が多く見られます。

PERFECT PET OWNER'S GUIDES　　ヒョウモントカゲモドキ　067

エメラルド&エメリン Emerald & Emerine

Chapter 4
ヒョウモントカゲモドキ図鑑

エメリン

エメリン

　エメラルドは背にうっすら黄緑色を帯びた色彩が広がる品種です。欧米人の目に映るグリーンとわれわれ日本人の目に映るそれとは見えかたが異なるという説もあり、たしかにアメリカのブリーダーが自信を持って出している個体でも、どう見ても「エメラルド」というほど緑色ではないように思えるものもあります。一方、最近ではさらなる選別交配の結果、われわれが一見して黄緑が発色していることが分かる個体も多く見られるようになってきつつあります。

　エメラルドに加えて強いタンジェリンオレンジも発色しているものをエメリン（エメラルド+タンジェリンの略で、有名ブリーダー Ron Tremper 氏の造語です）と呼びます。あまり知られていませんが、エメラルドの中でオレンジみが少なく背全体に黄緑が広がるものをライムエメラルドと呼びます。

　遺伝については同血統交配で生じるともランダムであるともされていますが、エメリン同士の交配では次世代は100%エメリンになるという報告もあります。また、黄緑の発色とは別にエメラルド系（特にエメリン）の血筋が入ると次世代にオレンジや赤をより強める作用があり、ハイポタンジェリンの血筋に導入するブリーダーもいます。近年では有名ブリー

エメリンキャロットテール

サイクスエメリン

ヒョウモントカゲモドキ

グリーンタンジェリン

グリーンタンジェリン

グリーンバンディット

グリーンバンディット

サイクスエメリン

グリーンタンジェリン

エメリン

ダーの Steve Sykes 氏が自らが選別交配したエメリンを「サイクスエメリン」と名付け、特に特徴が強いブランド血統として販売されています。

また、エメラルド＆エメリンとは別な血筋で、同じく緑が強く出る個体を選別交配して

PERFECT PET OWNER'S GUIDES　　ヒョウモントカゲモドキ　071

グリーンバックハイポタンジェリン

グリーン&タンジェリン

エメラルド&エメリン／Emerald & Emerine

ブラッドエメリン

ジャングルエメリン

ライムエメリン

サイクスエメリン

作出されているグリーンタンジェリン、G-プロジェクト（グリーンプロジェクトの略）、パシフィックグリーンタンジェリンなどの血統品種も見られます。これらとエメリンの互換性はないとされていますが、タンジェリンの異なる血筋同士の交配と同じで、組み合わせ次第でより強い緑の発色が次世代に表れることもあります。

PERFECT PET OWNER'S GUIDES

Chapter 4
ヒョウモントカゲモドキ図鑑

メラニスティック Melanistic

別名：ブラックベルベット、ブラックパール、ハイパーメラニスティック、ブラック、ブラックパンサー、ブラックスター

メラニスティック

　長らく黄色やオレンジなど明るい色を出す品種が作出され続け、黒い色素を減らす方向でブリードされていたヒョウモントカゲモドキですが、逆転の発想で全身が黒い品種を目指して開発しているブリーダーも出始めました。これら黒い品種はまだ開発段階といえ、「メラニスティック」や「ハイパーメラニスティック」の名でかなり黒が強く出た個体が複数のブリーダーからリリースされていますが、より強い黒を求めて選別ブリードが今もなお続けられています。

　メラニスティック（Melanistic）とは黒化という意味で、全身が黒くなった状態・完全黒化を指します。そうなると、現状リリースされているものは厳密な意味でのメラニスティックではなく、黒い色素が増加した状態と言えます。なので、この呼び名を避け、単に「ブラック」や「ダーク」と呼ぶブリーダーもいます。

　メラニスティックはタンジェリン同様、ポリジェネティック（多因生成遺伝）で、子が親と似た特徴になることを利用して選別交配されてつくられています。そのため、血筋によっていくつかの異なるメラニスティックが存在します。ここではそれらを一つにして紹介します。

　現状で最も黒が強いと言えるのはオランダのFerry Zuurmond氏によってリリースさ

特に発色の強いブラックナイト

黒みが顕著ではないブラックナイト

ブラックパール

ブラックパンサーと名付けられた日本で選別交配により誕生した黒化品種

ブラックスター

メラニスティック

メラニスティック

076　Chapter 4　モルフカタログ／単一モルフ（色彩の変異）Single Morph ― color　PERFECT PET OWNER'S GUIDES

ハイポタンジェリン&スーパーハイポタンジェリン　Hypo Tangerin & Super Hypo Tangerin

単にダークと呼ばれて販売されていた黒化品種

れているブラックナイトで、メラニスティック品種群の中でも図抜けて黒みが強く、最も「黒化」に近い状態と言えます。黒の度合いにはばらつきもありますが、非常に顕著な個体では全身が漆黒と呼んで差し支えないくらいに地色・斑紋共に黒々としています。このブラックナイトはブリーダーがその血筋を保守するため、黒が強いオスをほとんど市場に出さず、現状流通している黒が強いブラックナイトはほとんどがメスです。これは黒の強いオスが1匹いれば多くのメスに掛け合わせることができるため、量産化が早く進むためです。それを防ぐため、Zuurmond 氏は特徴の強いオスを世に出さずに、市場価値をコントロールしているのです。劣性遺伝とは異なるポリジェネティックの品種（血統品種）をつくるブリーダーでは、こうした事例はわりとよく見られます。

　この他の黒化する品種群の中では、ブラックパールとブラックベルベットの両品種がブラックナイトに次ぐ黒さを持っています。どちらも黒色素が全身に広がり、地色も黒褐色になります。ブラックベルベットはブラックナイト同様、ポリジェネティックによる遺伝で、同血統での交配でより純度が高まります。ブラックパールは劣性遺伝とされていましたが、実際はやはりポリジェネティック遺伝が正しいようです。

　これら有名なメラニスティック品種群の他にも、有名無名問わず多くのブリーダーがオリジナルのメラニスティック血統をつくるべく努力しています。

PERFECT PET OWNER'S GUIDES

チャコール Charcoal

Chapter 4
ヒョウモントカゲモドキ
図鑑

　チャコールは、一連のメラニスティック品種群と同じく黒いヒョウモントカゲモドキを目指して作成されている品種ですが、その方法が他の黒いタイプの品種と一線を画しています。元となっているのはハイポタンジェリンの中で地色が黒ずんでいるものを用い、黒いスポットを増やして全身を覆わせるのではなく、地色の黒ずみを強めてハイポタンジェリンの作用でそれを全身に均一に出すことで黒を表現するものです。JMG Reptile 社の代表的なプロジェクトの1つで、近年では選別交配によってより黒みの強い個体がリリースされています。

　チャコールとは木炭のことで、その体色から名付けられました。現状ではまだ「木炭で黒くした」ような色合いですが、最終的には木炭そのものの色を目指しています。

アルビノ（トレンパーアルビノ）

Albino (Tremper Albino)
別名：テキサスアルビノ

Chapter 4 ヒョウモントカゲモドキ図鑑

　爬虫類飼育全般でいう「アルビノ」とは、黄色や白に見えるいくつかの色彩変異の総称ですが、本来は主にアメラニスティック（黒色色素欠損）のことを指しています。これには黒色を生成する酵素チロシナーゼが何らかの要因で完全に欠損したもの（T-アルビノ＝チロシナーゼネガティブアルビノ）と、チロシナーゼの働きが抑制されて黒色素が通常より少なくしか表れないもの（T＋アルビノチロシナーゼポジティブアルビノ）の2種類があります。呼び名にはいろいろなものがありますが、ホビー界では前者は主にリアルアルビノ、後者は主にラベンダーアルビノなどと呼び変えられることもあります。

　ヒョウモントカゲモドキにおいてはT-アルビノは現状誕生しておらず、T＋アルビノをアルビノと呼びます。このT＋アルビノ（以下では単に「アルビノ」と」表記します）は、互いに互換性のない3つの系統が存在し、それぞれブリーダーの名を冠して○○アルビノ

と呼ばれます。どれも黒色素の生成が抑制されているため、本来黒い部分は明褐色からラベンダー色に、黒い瞳はブドウ色からワインレッドに変化しています（周囲が暗い時は瞳が広がるのでより顕著に見えます）。3つの血統はそれぞれ独立したもので、同じアルビノでも発色の仕方などがそれぞれやや異なります。

トレンパーアルビノは、ヒョウモントカゲモドキの繁殖家として最も有名な Ron Tremper 氏が繁殖・固定化したアルビノで、3つのアルビノのうちでは最も早くに世に出てきました。トレンパー氏の居住地テキサス州を冠して、「テキサスアルビノ」とも呼ばれます。

現状で最も多く流通しているアルビノはこ

アルビノ（トレンパーアルビノ）　Albino (Tremper Albino)

トレンパーアルビノジャングル

のトレンパーアルビノで、単に「アルビノ」と表記されている場合は、たいていこのトレンパーアルビノを指します。地色は黄色からオレンジで、バンド部分は白からピンク・ラベンダー色・ココア色までさまざまです。これは黒色素が消失しているのではなく発色を抑えられているために起こるばらつきで、加えて孵化温度や飼育温度によっても色の出方が変わってきます。高温で孵化・飼育されたものはチロシナーゼ抑制酵素が強く働くため、全体的に色みは明るく鮮やかになり、低温孵化・飼育では抑制酵素の働きが弱まるため黒色素が増えて褐色っぽくなります。特に褐色が強いものは「チョコレートアルビノ」と呼ばれたりもします。

アルビノ（ベルアルビノ）

Albino (Bell Albino)
別名：フロリダアルビノ

Chapter 4
ヒョウモントカゲモドキ
図鑑

　ベルアルビノは3つのアルビノの中では最も後発で世に流通しました。作出者はMark Bell 氏で、彼の居住地からフロリダアルビノとも呼ばれます。ベルアルビノで特徴的なのはその目の色合いで、他のアルビノに比べて虹彩部分に走る血管のピンク色が強く、瞳は明るい赤です。体色の地色部分は濃いクリーム色が多く、斑紋部分は褐色が強くよく目立つ傾向があります。斑紋部の下に広がる地色部分にはラベンダー色が濃く出ることが多いのも特徴です。トレンパーアルビノ・レインウォーターアルビノよりも暗色部分がくっきりとバンド状に分かれず、スポットの集合体により近い感じになりがちです。

　ベルアルビノは後発で発表されたアルビノですが、エニグマ（P.118参照）との組み合わせの中で目とその回りにオレンジから赤が乗ったり、斑紋や発色に非常に特殊なものが出たりとインパクトのある表現が出ることが知られ、それにより一躍有名になりました。瞳のクリアな赤みも注目を浴びており、特にエクリプス（P.124参照）が組み合わせに入るコンボ品種では、目全体が他のアルビノとのコンボよりクリアなレッドになるため重要視されています。ベルアルビノはやや細身な個体が多いとされますが、現在流通している個体の中にはそうでもないものも多いです。

ヒョウモントカゲモドキ

アルビノ（レインウォーターアルビノ） Albino (Rainwater Albino)
別名：ラスベガスアルビノ

Chapter 4 ヒョウモントカゲモドキ図鑑

　レインウォーターアルビノは Tim Rainwater 氏によって固定されたアルビノで、トレンパーアルビノ・ベルアルビノとはそれぞれ互換性がない別系統のアルビノです。レインウォーター氏の居住地からラスベガスアルビノとも呼ばれます。

　3つのアルビノの中では最も色みが明るく薄いのが特徴で、体の地色は薄黄色から明るいクリーム色、暗色の部分は淡いピンクや白っぽい薄紫です。一方で、赤やオレンジの発色は単体ではそう強く出ません（コンボ品種になると別）。明るい体色と対照的に、瞳の色合いは3つのアルビノのうち最も暗く、暗いワインレッドで場合によってはほぼ黒っぽく見えます。体はやや小ぶりな個体が多いとされていますが、実際にはさほど変わらない場合も多いです。

　レインウォーターアルビノは、トレンパーアルビノのリリースから程なくして世に出ましたが、作成者の事業の都合であまり多く世に出回らず、一時やや衰退気味でした。近年ではその独特な明るさが再注目され、新たなコンボ品種作成のキーモルフの1つになっています。

PERFECT PET OWNER'S GUIDES　　　　　　　　　ヒョウモントカゲモドキ　　085

スノー（TUGスノー & GEMスノー & ラインブレッドスノー）
Snow (Tug Snow, GEM Snow & Line Bred Snow)

Chapter 4　ヒョウモントカゲモドキ図鑑

GEMスノー

　スノーはもちろん「雪」のことで、体色の黄色みが減少し、白い地色をした品種です。スノーには大きく分けて2つのタイプがあり、1つはここで紹介する主にラインブリード（血統交配）によって表現を強めていったタイプで、もう1つは共優性遺伝することが分かっているマックスノーです（共優性遺伝については88ページ参照）。血統交配によるスノーは血筋がいくつかあり、その遺伝の仕方は血統によっても少し差があります。

　ブリーダーの名が冠せられた有名なスノーが、The Urban Gecko 社のTUGスノー（頭文字からTUG。読みは「タグスノー」）と、Reptillian Gem 社のGEMスノー（読みは「ジェムスノー」）です。他にも血統維持によるいくつかのスノーがあり、上記2つやマックスノーと区別してラインブレッドスノーと呼ばれることもあります。

　TUGスノーは優性遺伝するとされていますが、GEMスノーはまだ遺伝法則の検証中で、他のラインブレッドスノーは冒頭に示したとおりハイポタンジェリンと同じく選別交配によるものであることが多いです。一方、TUGスノーは一定確率でマックスノーと互換性を示すという説もあり、これについては不確定ながらまだ知られていない何らかの法則がGEMスノーを含めたこのグループにある可能性を示しています。

TUGスノー

PERFECT PET OWNER'S GUIDES

マックスノー
Mack Snow
別名：CO-Dominant スノー

Chapter 4
ヒョウモントカゲモドキ図鑑

　マックスノーは一連の他のスノーと同じく、黄色みが減少して白と黒のような外観をしています。幼体時ほど白が強く、成長につれて薄いクリーム色など黄色みが出てくるのも他のスノーと同じです。

　マックスノーが他のスノーと大きく異なる点は、共優性遺伝という遺伝の形態にあります。共優性遺伝は優性遺伝に近く、ノーマルと共優性遺伝の品種A（ここではマックスノー）を交配させると、次世代の子供に50％の確率でマックスノーが出現します。これのみだと通常の優性遺伝と法則が同じです

が、共優性遺伝にはそれならではの特徴があり、共優性遺伝の品種同士の掛け合わせの場合、次の世代に25％の確率でスーパー体と呼ばれる表現が表れることです。スーパー体は元となる共優性品種と表現が異なり、単なる優性遺伝との違いはここにあります。つまりマックスノーの場合、それ同士の交配で92ページで紹介するスーパーマックスノーが25％の確率で生まれるのです。

　マックスノーはそれを生み出したブリーダー Jhon Mack 氏の名を取って名付けられています。上記のような特徴から他のス

088　Chapter 4　モルフカタログ／単一モルフ（色彩の変異）Single Morph — color　　PERFECT PET OWNER'S GUIDES

ヒョウモントカゲモドキ

ノーと区別するために、ブリーダーによってはマックスノーの入ったコンボ品種を (Co-Dominant スノー〇〇) などと表記することもあります (ストレートにマックスノー〇〇の場合もあり)。Co-Dominant とは共優性遺伝のことです。

　こうした特徴から、マックスノーを用いたコンボ品種には、必ずその先にスーパーマックスノーバージョンの同コンボもある、と言えます。このマックスノーの登場により、ヒョウモンカゲモドキの品種の組み合わせは大きく増えました。

PERFECT PET OWNER'S GUIDES | Chapter 4 ヒョウモントカゲモドキ図鑑

ダイオライトスノー Diolite Snow

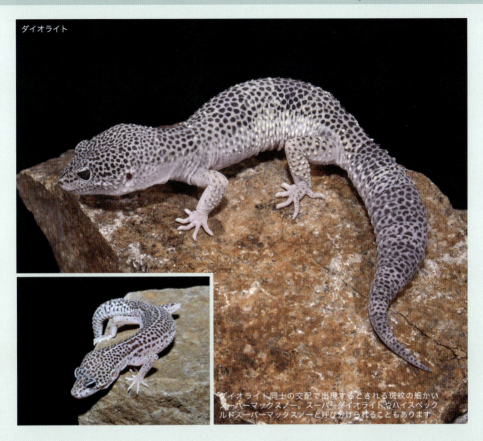

ダイオライト

ダイオライト同士の交配で出現するとされる斑紋の細かいスーパーマックスノー。スーパーダイオライトやハイスペックルドスーパーマックスノーと呼び分けられることもあります

マックスノーの中でコショウ状に細かなスポットが全身に散る個体を「ダイオライトスノー（もしくは単にダイオライト）」あるいは「ハイスペックルドマックスノー」として他のマックスノーと区別するブリーダーが出てきました。ダイオライト同士のスーパー体はやはり通常のスーパーマックスノーより細かなスポットを持ち、「スーパーダイオライトスノー」と呼び分けられます。ブリーダーによってはこうしたタイプをマックスノーとは別な品種として分けてブリードしています。

ただし、これらの表現は通常のマックスノーの中にも一定確率で出現し、ダイオライトタイプも通常のマックスノーも互換性があるので、遺伝法則に関してはまだ研究途中といったほうがよいでしょう。あるいはマックスノー自体が、TUGスノーなど他のスノーと共に特徴の一部を共有するコンプレックス（複合体）品種群で、ダイオライトはそのうちの一つなのかもしれません。近い将来、特徴の一部が切り離され、ダイオライト（ハイスペックルド）がマックスノーから独立した品種になる可能性もあります。

スーパーマックスノー

Super Mac Snow
別名：スーパーマック

Chapter 4
ヒョウモントカゲモドキ図鑑

　短縮して「スーパーマック」あるいは「スーパースノー」とも呼ばれます。スーパーマックスノーは88ページでも紹介したとおり、マックスノー同士を掛け合わせることによって生み出されるスーパー体です。スーパーマックスノー同士からは100％スーパーマックスノーが生まれ、スーパーマックスノーとノーマルの掛け合わせでは100％マックスノーが生まれます。

　スーパーマックスノーの外観はマックスノーとはかなり変わり、黄色い色素は完全に消失します。模様も変化し、黒いスポットが背に列を成して並ぶようになります。このスポットの大きさは個体によりまちまちで、大きなドット状の個体もいれば細かなコショウのようなものもあります。一部が繋がってラインのようになっている場合もあります。これらについては個体差なのかある程度法則が

幼体

あるのかはまだ分かっていません(ダイオライトの項も参照)。スーパーマックスノーの最大の特徴は体色ともう1つ、目全体が真っ黒になることです。通常、ヒョウモンカゲモドキの目は虹彩部分と瞳部分に分かれていますが、スーパーマックスノーとその派生品種は目全体が瞳の色(つまり黒。アルビノ状態では赤)になります。似た特徴を持つ品種にエクリプス(P.124参照)がありますが、スーパーマックスノーでは必ず体色と模様の変化もセットになっていることが大きな違いです(スーパーマックスノーとエクリプスが組み合わさった品種もあります/P.170)。

スーパーマックスノーのウルウルとした黒い瞳は従来のヒョウモンカゲモドキの品種にはなかったもので、その愛らしさから一番の人気品種となっています。

"単一モルフ"（模様の変異）

Single Morph — pattern

こでは主に頭や胴体・尾などの模様が変化した模様の単一モルフ品種を紹介していきます。中には色彩の変異を伴うものも含まれますが、色彩・模様のどちらに分類するかは本書の編集上の並べかたなので、厳密に分けられるわけではありません。

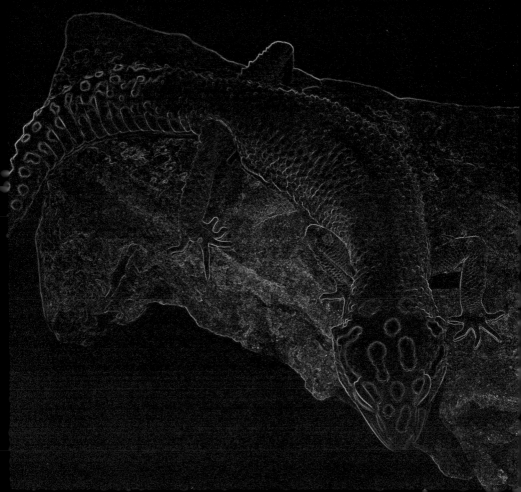

PERFECT PET OWNER'S GUIDES

ジャングル&アベラント
Jungle & Aberrant
別名：デザイナーズ

Chapter 4
ヒョウモントカゲモドキ
図鑑

アベラント

　通常では暗色の部分がバンド状に並ぶヒョウモントカゲモドキですが、柄が乱れていたり複雑な模様のようになっているのがアベラントまたはジャングルと呼ばれるものです。通常の模様と同じように、幼体時ではよりくっきりと模様が目立ち、成体ではぼやけたスポットの集合のような感じになります。

　ジャングル（意味は「密林」）とアベラント（意味は「乱れた」）はほぼ同じ意味で使用されますが、厳密にいうとやや異なり、尾のバンド部分と胴のバンド部分の両方が乱れたものをジャングル、どちらかのみが乱れているのをアベラントと言うようです。が、ここまで厳密に区分けしているブリーダーは稀で、通常はどちらか（主にジャングル）が使われます。ちなみに、背の模様がストライプ状になっているものは一見すると後述するストライプ（P.98参照）に見えますが、尾の部分までもストライプ状になっているものが本来のストライプです。尾の部分はバンドのままだと本当はジャングルに属し、そうしたものは「ジャングルストライプ」と呼ばれる場合もあります。しかし、これまたブリーダーによってはそこまで厳密に区別していないことも多々

096　Chapter 4　モルフカタログ／単一モルフ（模様の変異）Single Morph ― pattern　PERFECT PET OWNER'S GUIDES

極端に柄が乱れた個体

タンジェリン＋ジャングルの選別交配から作出され、日本のブリーダーによって「タイガー」と名付けられたラインブレッドモルフ。さらなる固定化が期待されています

あります。

　こうした柄の乱れかたは一定ではなく、同じ柄の固定化も難しいため、個体ごとに模様が異なるという意味を込めて「デザイナーズ」とも呼ばれます。ちなみに、背の暗色部が一部繋がって、取り残された地色部分が円形に見えるものを「サークルバック（円形斑の背中）」と呼んだりもします。特に幼体時で顕著で、なぜかマックスノーはこのサークルバック状態になりやすい傾向があります。

PERFECT PET OWNER'S GUIDES　　　　　ヒョウモントカゲモドキ　　097

PERFECT PET OWNER'S GUIDES

ストライプ Stripe

Chapter 4
ヒョウモントカゲモドキ図鑑

　通常は黒いスポットが横帯、つまりバンド状に固まるヒョウモントカゲモドキですが、ストライプは背の両側に沿って黒いスポットが固まり、背の中央部に残った地色が縦に繋がるものです。アベラントやジャングルの一種ですが、厳密にいう「ストライプ」とは胴体部分も尾の部分も模様がストライプ柄または乱れた柄に変化したもののみを指します。ただし、ブリーダーによってはここまで厳密に区分けせず、胴のみにストライプ柄が出て、尾はバンド模様の個体でも「ストライプ」と呼ぶことがあります。

　亜成体くらいまでは暗色部が目立つため非常に分かりやすいですが、成体になると暗色部が地色が溶け込んでいくため、斑紋の縁取り部分に沿って黒いスポットが並ぶよう

デザイナーズストライプ

ストライプ

デザイナーズストライプ

PERFECT PET OWNER'S GUIDES

ボールドストライプ Bold Stripe

Chapter 4
ヒョウモントカゲモドキ
図鑑

ボールドストライプ

ボールドストライプ

　ボールドストライプのボールドとは「Bold体」という欧文の活字の書体のことです。この書体は太くくっきりとした字体で、それと同じように黒いくっきりとしたストライプ状の模様が両脇に入るのがボールドストライプです。非常にメリハリがあるのがこの品種の特徴で、地色の部分には黒いスポットがほとんど散らず、抜けるように明るい黄色と太く黒い模様のコントラストが売りの品種。頭部の模様も黒く太いものに変わっており、後頭部を取り巻く冠状の黒いラインと断続的な条線模様になっていることが多いです。

　この品種は、見ためは同じでも遺伝形態にいくつかタイプがあって、規則的に劣性遺伝する血統と、同血統交配によって形質が強まっていくポリジェネティックの血統とがあります。ただし、どちらの血統にも互換性があり、異なる血統のボールドストライプ同士でもきちんと遺伝が伝わります。ボールドストライプの中でも模様がはっきりしたストライプ状ではなく乱れた柄になるものはボールドジャングルと呼ばれます。また、背の中心部に黒い模様が出るリバースボールドストライプも存在します。

バンディット Bandit

Chapter 4 ヒョウモントカゲモドキ図鑑

　バンディットはボールドストライプによく似た外観をしている品種で、Ron Tremper 氏による選別交配によって誕生しました。元となっているのはボールドストライプですが、バンディットの場合は鼻の上に黒いバーがくっきりと入っているのが最大の特徴です。この鼻の上の黒いバーがちょうど漫画に出てくる泥棒のヒゲのように見えるのが名の由来。バンディット（Bandit）とは英語で「盗賊」や「山賊」を意味する単語なのです。よく間違

エクストリームバンディット

えられますが、バンデッド(Banded)ではありません。これだと「横縞模様」の意味になってしまいます。幼体時の帯模様が成体でもくっきり出ている個体を「バンデッド」と表すことがあるので注意してください。バンディットは通常のボールドストライプよりもさらにすっきりとした模様を持つ場合が多く、鮮やかなコントラストとキャラクター性のある顔つきが人気です。

バンディットは劣性遺伝や優性遺伝など

バンド状の模様をしたバンディット

幼体　　幼体　　幼体

頭部　　頭部

104　Chapter 4　モルフカタログ／単一モルフ（模様の変異）Single Morph ― pattern　PERFECT PET OWNER'S GUIDES

バンディット Bandit

バンディットタンジェリン

とは異なり、同血統同士の交配によってより特徴の出た個体が誕生しやすくなります（他ページでも紹介しているとおり、このような遺伝の仕方を Polygenetic ＝ポリジェネティック／多因子遺伝と言います。親に似た子が生まれるのはこの仕組みによります）。なお、バンディットの血統から生まれていても鼻上のバーがないものはバンディットボールド、あるいは単にボールドストライプと呼ばれます。

リバースストライプ Reverse Stripe

珍しいボールドストライプのリバース

　リバースストライプはリバース（逆転）の名が示すとおり、ストライプの模様がちょうど反転したような形になるモルフのことです。つまり、背の中心部＝背骨に沿って暗色あるいはラベンダー色の模様がストライプ状に伸び、その両脇は地の黄色になります。尾の部分はストライプと同じく、中心部に沿って白い条線が走ります。尾の部分の模様だけはストライプのネガポジ逆転にならず、同じであるというのは不思議な感じです。リバースストライプはストライプと同様ジャングルやアベラントの一群であるとされますが、一説によるとこれらとは異なる別なポリジェネティックによるものであるともされます。

地色が濃いタンジェリンのリバースストライプ

トレンパーアルビノリバースストライプ

リバースストライプ

トレンパーアルビノリバースストライプ

トレンパーパターンレス Tremper Patternless

Chapter 4 ヒョウモントカゲモドキ図鑑

　リバースストライプの派生形であるとされるのが、Rom Tremper 氏が作出している「トレンパーパターンレス」と呼ばれるもので、これはリバースストライプの中で特に背の模様が退縮したものを選別交配したもののようです（リバースストライプとストライプを掛け合わせると、一定確率で出現するものであるとする場合もあります）。この「トレンパーパターンレス」という呼び名は全く別のマーフィーパターンレス（P.114）と関連性があるように聞こえまぎらわしいため、現在では単体でその名を用いられることはほとんどありません。多くは RAPTOR（P.150）の中に組み込まれるかたちで見られます。RAPTOR のページで詳しく紹介していますが、RAPTOR の要素の一つである「P」はパターンレスの P でこの品種のことなのです。

ハイスペックルド Hi-speckled

Chapter 4
ヒョウモントカゲモドキ図鑑

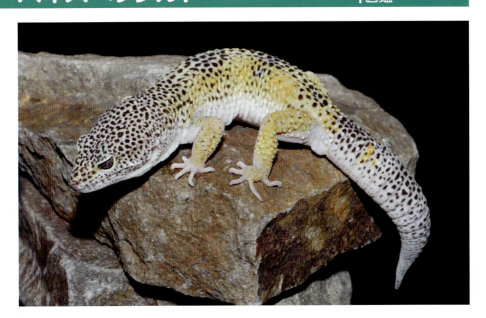

　ハイスペックルドはその名が示すとおりスポット模様がコショウを散らしたように細かく、全身に散るような霜降り柄（スペックル）になります。これは品種というよりは個体に生じた状態に近く、ラベンダーやボールディ、キャロットテールのようなその個体の外観を示す単語と考えるとよいでしょう。柄がなくなってしまうマーフィーパターンレスやブリザードには表れませんが、タンジェリンやハイイエローなど他の品種にランダムに出現します。

　遺伝性はないとされますが、親の特徴が子に伝わるポリジェネティックの要素は含んでいると思われるので、よりハイスペックルドが強く出た個体同士を掛け合わせていけば次世代にさらに強く特徴が出た個体を残すことができるはずです。

　マックスノーの項で紹介しているダイオライトあるいはハイスペックルドスノーというのは、このハイスペックルドが強く出たマックスノーなのかもしれません。

レインボー&スキットルズ Rainbow & Skittles

Chapter 4 ヒョウモントカゲモドキ図鑑

レインボー

　レインボーはストライプの選別品種ですが、おそらくはリバースストライプとレッドストライプを組み合わせて選別交配された品種で、2種類のストライプがグラデーションを成してさまざまな色みが表れることから名付けられています。背の中央にはリバースストライプ由来の黒い一筋、それをなぞるようなラベンダー色が走っています。レッドストライプの影響でその左右には赤褐色から来いレンガ色のストライプが、さらに両外側には地色の黄色が並びます。背の中心に白っぽいストライプ、それをなぞるようなオレンジ、左右にラベンダーが発色しているという色合

いのものもいます。場合によってはこれらにエメリンや各種ハイポタンジェリンも組み合わせられており、オレンジや黄緑色が加わり非常に派手になります。アルビノ化したアルビノレインボーもあり、黒は褐色から紫に変わるものの色みがより明るくなります。

　アメリカ合衆国の Steve Sykes 氏が特に力を入れている品種で、彼の選別交配したレインボーは「サイクスレインボー」と呼ばれ、その色みの豊かさに定評があります。

　スキットルズも同様な複数の色合いを持つストライプ系の選別交配品種で、こちらは Captive Reptile Specialities Inc. の Garrick

アルビノサイクスレインボー

スキットルズ

スキットルズ

　DeMeyer氏によって2013年に発表されました。レインボーと同じくオレンジと黄緑、黒のラインが合わさった派手な色合いですが、こちらは模様が整然としたストライプ状というよりは入り組んで複雑な形状になっていることが多いです。スキットルズとはアメリカで有名なチョコレートを砂糖衣でコーティングした粒菓子のことで、黄緑やオレンジ・赤などさまざまな原色の色で着色されているものです。この鮮やかな色合いに因んで名付けられています。

レッドストライプ&ドーサルストライプ Red Stripe & Dosal Stripe

Chapter 4 ヒョウモントカゲモドキ図鑑

　レッドストライプは、「ストライプ」と名が付いていてもストライプとは起源を別にする品種で、色表現もだいぶ異なります。レッドストライプはどちらかと言えばハイポタンジェリンに近く、全身の黒斑が退縮しており模様を形成しません。大きな特徴は背骨の上に沿って明るく色抜けした部分があり、その両脇を縁取るように濃い赤からオレンジが走ることです。幼体時はこの赤からオレンジのストライプ部分は茶色っぽく、色みが強く出るのは亜成体以降です。

　ドーサルストライプは一部のブリーダーが呼んでいる品種であまり一般的ではありませんが、その特徴はほぼレッドストライプ同様で、やはり背の中心に沿って明るく色抜けした部分がストライプのように走ります。通常のストライプのうち胴体部分だけにストライプ模様が出るものを同じく「ドーサルストライプ（ドーサルとは「背筋」の意味）」と呼びますが、それとは別物です。レッドストライプに見られる明色部の脇を縁取る赤やオレンジが、ドーサルストライプでは見られません。ただ、これはハイポとハイポタンジェリンの違い程度で、実際はオレンジや赤みの発色具合の差によるものである可能性があります。ただし、両者が同じ品種であるという検証もされていません。

　どちらの品種もポリジェネティック遺伝で、同血同士の統交配によって特徴が次世代へ引き継がれていきます。

112　Chapter 4　モルフカタログ／単一モルフ（模様の変異）Single Morph — pattern　PERFECT PET OWNER'S GUIDES

トレンパーアルビノレッドストライプ

エメリンレッドストライプ

マーフィーパターンレス Murpfy Patternless
別名：リューシスティック

Chapter 4
ヒョウモントカゲモドキ
図鑑

　マーフィーパターンレスは1991年頃に初めて発表された品種で、Pat Murpfy氏によって生み出されたためそう呼ばれています。ヒョウモントカゲモドキの品種の中ではかなり古くから存在します。初流通時は「リューシスティック」という名でリリースされ、現在でも日本ではこの品種名のほうが通りがよい と思います。しかし、Leucisticとは「白化」のことで、全身が純白へ色変わりした状態を指します。やや近い外観ではあるものの、異なる意味合いなので近年ではこの呼び名は避け、マーフィーパターンレスの品種名を使うようになってきています。とはいえ、日本では馴染み親しまれた名称を急変するのは混

キメラマーフィーパターンレス

オレンジリューシの名で流通する色調の濃いマーフィーパターンレス

乱が生じるとの考えが強く、リューシスティックの名のまま流通しています。

　品種としての特徴は、全身の斑紋が消失しており、色調は薄黄色からクリーム色・肌色、あるいは薄茶からグレーの一様な体色です。黒いスポットは頭から尾の先まで一切入らず、完全に無地。孵化直後の幼体時にのみ、背に薄い不規則な模様のようなものがありますが、すぐに消失します。

　マーフィーパターンレスは尾の先がよれたように僅かに曲がる個体が多いですが、個体の健康面などには一切影響がありません。近年ではこの特徴を取り除いた個体も見かけるようになりました。

ブリザード Blizzard

Chapter 4 ヒョウモントカゲモドキ図鑑

　ブリザードはマーフィーパターンレスより数年後にPrehistoric Pets社によって作られた品種で、外観はマーフィーパターンレスに似ているものの、その色みはずっと白っぽく、リューシスティック（白化）というならこちらのほうが近いと思えるほどです（ただし、純粋な意味では異なるのでリューシスティックとは呼ばれていません）。マーフィーパターンレスと異なり、幼体時から斑紋はなく完全に無斑。目の上の部分は眼球が透けて青っぽく見えます。体色は、幼体時から亜成体にかけては白が強く、成体に近づくにつれてやや黄色みを帯びたりピンク色を帯びてきたりします。個体によってはベージュがかったものやグレーっぽいものもあります。

　特に色みが暗く、グレーが強い個体を「ミッドナイトブリザード」と呼ぶこともあります。これは固定された品種ではなく、色合いの程度を表すものです。また、低温で孵化・飼育すると体色は黒ずみやすいので、意図的につくり出すことも可能です。一方、体色の黄色みが強い個体は「バナナブリザード」と

呼ばれますが、これも個体差あるいは血統差の一つです。本来の「バナナブリザード」とはブリザードとマーフィーパターンレスの交配によって誕生するコンボ品種のことなのですが、現在この組み合わせでの繁殖はほぼなされておらず、真のバナナブリザードを見かけることは滅多にありません。

　ブリザードには個体によって虹彩が真っ黒な「エクリプスアイ」が出ることがあります。これは品種としてのエクリプス（P.124参照）が組み合わさったものではなく、ブリザードの中にランダムに表れる特徴です。よって遺伝はしません。このエクリプス状態のブリザードと、スーパーマックスノーブリザード、エクリプスブリザードといったコンボ品種は特徴が同じで、外観だけではほぼ見分けが付きません。遺伝形質に違いがあるので、正確に判別するためには検証のための交配を行う必要があります。

PERFECT PET OWNER'S GUIDES

エニグマ　Enigma

Chapter 4
ヒョウモントカゲモドキ
図鑑

　エニグマとは「謎」「不可解」を意味します。その特徴はひと言では言い表しにくいですが、一種のキャリコのような作用が表れます。全身に薄紫や白、あるいはオレンジなどの固まった色素がランダムに散らばり、その量や斑紋の大きさ・形などは個体ごとに異なります。黒いスポットは一部が固まりのようになって全身に散る傾向にありますが、これも固まりかたやその量などは個体ごとに違います。尾の部分は細かなコショウ状のスポットが散り、バンド模様は消失します。また、虹彩の色が濃く、潤んだような暗い色合いをしているため愛くるしい顔つきに見えることが多いです。

　個体ごとに異なる模様は同じものを遺伝させることが非常に難しく、1匹ごとの個性に溢れた品種です。ファンシーな色合いに加え、優性遺伝（ノーマルとの交配でも次世代からエニグマが表れる）ため一躍人気品種となり、さまざまな品種と組み合わせられました。このエニグマの誕生によってコンボ品種のバリエーションは大きく増えました。特に、エニグマとベルアルビノとの組み合わせでは非常に濃いオレンジを出したり、虹彩や目尻に赤みが強く出たりとより不思議な作用をもたらします。

　エニグマにはこの品種特有の首を傾けるような動きをする傾向が見られます。発現には個体差があるのですが（出ない場合もあります）、強烈なものになると頭を斜めにしてクルクルと同じ場所を回るような動作を繰り返す場合があります。これはエニグマの遺伝子と連動しているらしく、エニグマを使ったコンボ品種にも見られることがあります。神

ハイポエニグマ / レオパードエニグマ / タンジェリンエニグマ / タンジェリンエニグマ

経症状（「精神疾患」などと呼ばれることもありますが、これは用語の誤りです。別に精神に異常をきたしているわけではありません）の一種で身体の健康に異常があるわけではありませんが、発現の仕方によっては餌を採りづらかったり、見ていて痛々しいなどの理由から敬遠されることもあります。個体によってはほとんど症状を出さないものもいるので、気になる場合はそうしたものを選ぶと良いでしょう。

ホワイトアンドイエロー White & Yellow
別名：W&Y

Chapter 4 ヒョウモンカゲモドキ図鑑

ホワイトアンドイエローは、ヒョウモンカゲモドキ品種のメッカであるアメリカ合衆国ではなく、東ヨーロッパのベラルーシで生み出された数少ない品種です。表現はエニグマによく似ており、ハイポタンジェリンにエニグマの不規則なスポットや斑紋を足したような外観。幼体時は黄色が強い個体と白が強い個体があり、成長と共にスポットが出てくるようになります。虹彩の色みはエニグマとは異なり、通常の薄いグレーであることが多く、スポットはエニグマよりやや大きく数も少ない傾向にあります。体側や手足が白く色抜けする個体が多く、全体的に明るく白みが強い色合いになります。また、背の中心線に

120　Chapter 4　モルフカタログ／単一モルフ（模様の変異）Single Morph ― pattern　PERFECT PET OWNER'S GUIDES

沿ってライン状に色が抜けたようになる特徴も多く見られます。

　エニグマ同様優性遺伝で、他の品種との組み合わせでコンボに変わった模様の乱れを引き起こすため、最近人気が高まっています。また、エニグマ特有の神経症状もホワイトアンドイエローにはなく、この点でも注目を浴びています。ただし、ホワイトアンドイエローは実際には単純な優性遺伝ではなく、共優性遺伝の可能性があります。というのも、ホワイトアンドイエローとノーマルの組み合わせでは、次世代にあきらかにノーマルではないもののホワイトアンドイエローというにはやや特徴が弱い個体が出現することが大半を占めるためです。一方、ホワイトアンドイエロー同士の組み合わせでは、次世代にも同様な顕著なホワイトアンドイエローが出現します。この顕著なホワイトアンドイエローこそが共優性遺伝のスーパー体（マックスノーで言えばスーパーマックスノーの状態）なのかもしれません。あるいは、ホワイトアンドイエローという品種自体が本当はいくつかの異なる基礎モルフ（たとえば、色が薄くなるA、体側が白く抜けるB、模様が乱れるCなどそれぞれ個別のモルフ）が全て表に出た状態で、「特徴が弱いホワイトアンドイエロー」はそのうちのいくつかしか発現していない可能性もあります。

　これらはあくまで仮説に過ぎませんが、今後の研究によってより正確な遺伝形式が解明されていくでしょう。

レモンフロスト Lemon Frost

Chapter 4 ヒョウモントカゲモドキ図鑑

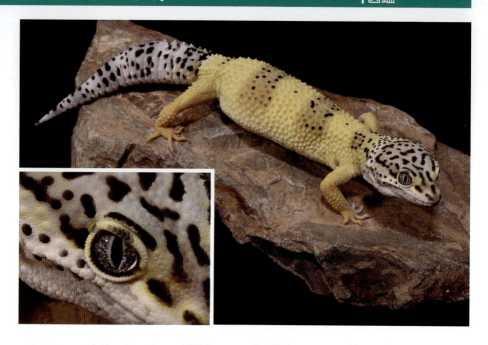

　レモンフロストは、ベースカラーが明るいレモン色から白がかった黄色になり、バンド模様の部分は他より少し暗めの色合いになる程度に退縮する明るい色彩の品種です。バンド自体は非常に不明瞭になる反面、バンドがあるべき部分の鱗一枚一枚はそれぞれが真っ黒に染まり、全体的にレモンイエローの地に粒状の黒い点が散らばる変わった見ためをしています。

　レモンフロストには上記の色合いの他に、首の周りから唇より下の顎、体側の腹側などの白を強める作用もあります。特に腹部の白は、本来ヒョウモントカゲモドキの腹部は透明感のある白であるのに対し、レモンフロストの場合は腹の中心部以外をさらに1枚塗ったように不透明な白が被さるのが特徴です。また、虹彩の色が灰色ではなく明るい白にな

り、枝分かれした血管状の模様が非常にくっきりと見えます。目の周りの眼窩部分も虹彩の白さを引き立たせるかのように黒く縁取られていて、目がとても印象に残る品種です。幼体時は通常のハイイエローに比べて全身の黄色みがより明るく、虹彩がより白く、頸部のバンドは明るく色抜けしたような表現です。

　レモンフロストは単一モルフの中では2017年時点で最も新しい品種で、最初の個体はアメリカ合衆国の The Gourmet Rodent 社のコロニーの中で見つかりました。その後、遺伝が検証された個体を Geckos Etc. 社の Steve Sykes 氏が買い上げ、2016年に初めて一般にリリースされました。

　優性遺伝あるいは共優性遺伝するとされていますが、まだ世に出たばかりの品種でこれからの広がりが期待されます。

"単一モルフ"（目の変異）
Single Morph — eyes

数 ある品種の中には主に目の色合いに変化を示すものもあります。色彩の変異で紹介しているアルビノや、スーパーマックスノーなども目に変異が表れる表現ですが、ここでは主に目のみに特徴が出る品種を紹介します（ただし、一部は体の模様などの変異とも無関係ではありません）。

エクリプス（フルアイ&ハーフアイ）

Eclipse (Full Eye & Harf Eye)　別名：トレンパーエクリプス

Chapter 4 ヒョウモントカゲモドキ図鑑

フルアイ（ソリッドアイ）

　エクリプスとは「日食（あるいは月食）」の意味です。ヒョウモントカゲモドキの品種の中では珍しい、主に目に特徴が出た品種。通常のヒョウモントカゲモドキは明るいグレーの虹彩と猫の目と同じ縦長の瞳を持っています。ところが、エクリプスでは虹彩の色に変化が生じます。発現の仕方はエクリプスの中にも2種類があり、虹彩全体が瞳と同じ真っ黒に染まるものと、虹彩の前半分くらいだけが半月型に黒く染まるものがあります。前者をフルアイあるいはブラックアイもしくはソリッドアイ、後者をハーフアイまたはスネークアイと呼びます。両者は遺伝的には同じもので、フルアイ同士の交配でもスネークアイ

ハーフアイ（スネークアイ）

エクリプスジャイアント

エクリプスエメリン

は生まれるし、スネークアイ同士の交配でもフルアイは生まれます。また、片方の目がスネークアイ、もう片方はフルアイという場合もあります。この発現の仕方は完全にランダムのようです。ブリーダーによっては両目ともフルアイの個体のみをエクリプスと呼び、スネークアイの個体と呼び分けている場合もありますが、エクリプスの名にどちらも含めているブリーダーもいます。繰り返しますが、遺伝的にはどちらも一緒です。

　エクリプスは目の変異の他にも体色の模様を退縮させる、吻端部や手足を白っぽく色抜けさせるなどの表現が同時に出ることが多いのですが、必ずしも伴うとも言い切れないようです。その他にも秘められた表現を持っている可能性があります。遺伝的に劣性遺伝することは分かっていますが、他品種との組み合わせなどでまだ研究の余地がある

品種のようです。体の模様の変化なども含め、単純な目だけの色彩変異ではなさそうです。ちなみに、スーパーマックスノーの黒目はエクリプス（フルアイ）の表現と全く同じですが、スーパーマックスノーの黒目は単体で遺伝はせず、スネークアイも生まれないためエクリプスとは全く無関係な遺伝子です。そのため、スーパーマックスノーとエクリプスのコンボ品種もあります。

　この他、ブリザードのページで紹介した遺伝しない単発的なエクリプス表現もありますが、これも品種としてのエクリプスとは無関係です。これらと差別化するため、エクリプスを「トレンパーエクリプス」と呼ぶ場合もあります。

　エクリプスのアルビノ表現は「レッドアイ（Red-eye）」と呼ばれ、RAPTOR（P.150）の構成要素の一つ「R」です。

マーブルアイ Marble Eye

Chapter 4 ヒョウモントカゲモドキ図鑑

エクリプスラベンダーマーブルアイ

　マーブルアイは Matt Baronak 氏によって生み出された新しい品種です。エクリプスとは別な目の変異で、目全体にインクを垂らしたような染みが広がります。この広がりかたには個体差が見られ、全体的に滲んだような色合いの場合もあれば、スプレーしたような細かな点が広がっている場合もあります。エクリプスとは違い体の模様には特に影響を与えないとされており、エクリプスに多い鼻先の色抜けや胴の模様の退縮などもマーブルアイでは見られないとされています。

　その遺伝の仕方は劣性遺伝とされていますが、未検証との説もあります。まだまだ分からない部分も多く、これから注目を浴びる品種と言えます。

ノワール・デジール Noir Désir

Chapter 4 ヒョウモントカゲモドキ図鑑

▶若い個体の目はソリッドブラック

▶成体になるとマーブルアイのように変化する

▶発展系とされるムーンアイ

▶アルビノムーンアイ

　ノワール・デジールはフランス語で「黒の欲望」という意味を持っており、制作者のCool Lizard 社 Fran Lhotka 氏によって名付けられました。元は2013年に同氏のタンジェリンのコロニーの中から突然出現した個体で、エクリプスのフルアイと同じく真っ黒な虹彩を持っていますが、互換性はありません。この真っ黒な虹彩は幼体から年若い個体のみが持つ特徴で、年を経ると共に黒い目の表面に銀灰色の斑紋が表れ、最終的には黒と銀色の入り混じった、まるで月面の模様のような目になっていきます。この状態になった個体を「ムーンアイ」と呼びます。真っ黒な虹彩からこのムーンアイへと変化していくのがノワール・デジールの最大の特徴です。

　ノワール・デジールは劣性遺伝するとされています。しかしながらまだ市場へはほとんどリリースされておらず、作出者の Fran 氏ですらノワール・デジールの特性を完全には把握しきっていないようで、今後の研究が期待されます。

"単一モルフ"（大きさの変異）

Single Morph — size

大きさの変異が表れる品種は現状では１種類しかありません。トレンパージャイアントがそれに該当します。この大きさの変異は、他のほぼ全ての品種に組み合わさります。

ジャイアント&スーパージャイアント

Chapter 4 ヒョウモントカゲモドキ図鑑

Giant & Super Giant 別名：トレンパージャイアント／トレンパースーパージャイアント

スーパージャイアント

　ヒョウモントカゲモドキの品種のうち、唯一と言ってよい大きさに関わる品種です。Ron Tremper 氏によって生み出された品種で、そのためトレンパージャイアントの名で親しまれています。特徴はその大きさですが、幼体時は他品種よりも大柄なもののそれだけでは判別できないので、主に生後1年ほど経った時の体重を基準として判別されます。具体的には、生後1年でオス80〜100g・メス60〜90gにまで成長していればはれてジャイアントと呼ばれるようです。元の作出者のトレンパー氏はこの基準に達してから販売を行っているようですが、他のブリーダーでは幼体時から販売している場合もあります。

　この品種は共優性遺伝で、ノーマルと掛け合わせても次世代から一定確率でジャイアントが出現するほか、ジャイアント同士での組み合わせではスーパー体と呼ばれる別表現（マックスノーの項、P.88参照）が25%の確率で表れます。ジャイアントの場合はスーパージャイアントです。スーパージャイアントは色や模様などはジャイアント同様ノーマルと違いがありませんが、やはり大きさに違いが表れます。スーパージャイアントはジャイアントよりさらに大型化し、生後1年でオスは110g以上、メスは90g以上に達します。

ジャイアント／スーパージャイアント／Giant & Super Giant

136gある大型のトレンパージャイアントアルビノ

ジャイアントスーパーハイポタンジェリン

トレンパーアルビノスーパージャイアントホットムース

スーパージャイアントパターンレス

体重で表記しても今ひとつ表現が伝わりにくいですが、ジャイアント・スーパージャイアント共に体格はノーマルよりもがっしりしており、頭部のエラが張ったゴツゴツとした顔つきをしているのも特徴です。

ジャイアントの生みの親であるトレンパー氏は、Mose（ムース）と名付けた特別に大きなオスを過去所有しており、その直系の子孫をジャイアントの中でも特別に「ムースジャイアント」と名付けています。これは品種ではなく、ブランド名であると覚えておきましょう。

ジャイアントのブランド品種では、Gecko.etc社の Steve Sykes 氏が作出している「ゴジラジャイアント」の血統も知られています。これも「ゴジラ」と名付けた Sykes 氏秘蔵のジャイアントから得られた子孫に名付けられたブランド名で、遺伝としてはジャイアント（トレンパージャイアント）と同義です。

ジャイアントやスーパージャイアントは、それ単体よりも他品種とのコンボで流通する場合が多く、トレンパーアルビノとの組み合わせである「ジャイアントトレンパーアルビノ」、Syks 氏がゴジラジャイアントとサングローとを組み合わせた「ゴジラ（ジャイアント）サングロー」などが有名です。

"複合モルフ"

Combo Morph

　ここからは複数の単一モルフ品種の特徴を併せ持った、発展的な品種を紹介します。複数の単一モルフ品種を持った品種は「コンボ品種」または「複合モルフ品種」と呼ばれます。単一モルフ品種の表現型が重なることによって、色や模様に思わぬ作用が出ていることもあり、そのバリエーションは単一モルフ品種同士の組み合わせの数だけ存在します。2つの単一モルフ品種が合わさるだけでなく、その上に、さらにその上にと別な単一モルフ品種を掛け合わせていくことができるので、その数は非常に膨大になっていくわけです。

　コンボ品種の作成は、繁殖を志すブリーダー指向の飼育者にとっては醍醐味と言え、オリジナルの組み合わせでまだ誰もつくっていないコンボ品種を出すのを夢見る人もいるでしょう。理論上では出現が分かっていても、まだ実践されていない組み合わせのモルフもあるのです。

　ここで全ての複合モルフ品種を紹介しきることはできませんが、有名な組み合わせや流通上よく見られる組み合わせ、組み合わさることによって呼び名が変わるものなどを中心に、できるかぎり多くのものを示していきます。

タンジェリンアルビノ　Tangerin Albino

Chapter 4　ヒョウモントカゲモドキ図鑑

● コンボ内容＿＿タンジェリン＋アルビノ（いずれか）

　オレンジの強いタンジェリンと、色みを明るくするアルビノのコンボは基本的ながら非常に有効で、人気も高いです。3血統あるアルビノそれぞれにタンジェリンアルビノがありますが、ベルアルビノとタンジェリンは特に相性が良く、濃いオレンジを呈します。トレンパーアルビノは個体によっては斑紋部が白に近い色合いになることもあり、そうした個体には「ハイホワイト」の名が冠せられることもあります。また、エメリンなどタンジェリンのバリエーションとの組み合わせや、キャロットテール／キャロットヘッドが加わった個体差などを含め、同名でもさまざまな表現が見られます。

幼体

ブラッドベルアルビノ

トレンパーアルビノエメリン

スーパータンジェリンリバースストライプアルビノ

バンディットトレンパーアルビノタンジェリン

タンジェロ Tangelo

●コンボ内容＿タンジェリン（血統）＋トレンパーアルビノ

スーパージャイアントタンジェロ

スーパータンジェロの若い個体

スーパータンジェロ

　タンジェロはタンジェリンアルビノの一種ですが、定義としては Ron Tremper 氏が持つ独自のタンジェリンの血統にトレンパーアルビノが組み合わさったコンボ品種のこと。他のタンジェリンアルビノやサングローからは独立しているとのことで、トレンパー氏はこれを他のタンジェリンアルビノとは区別しています。特徴としては地のオレンジが強く、赤に近い発色をすること、バンド部分は白く色抜けすること、通常のタンジェリンアルビノよりも大柄になることなどがあります。

　トレンパー氏によるとタンジェロは共優性遺伝するとのことで、スーパー体は「スーパータンジェロ」と呼ばれます。スーパータンジェロはタンジェロと違い、白いバンド部分は成長に伴って消失し、サングローのようになります。スーパータンジェロも、他の品種に比べて体が大柄になるようですが、両品種ともジャイアント系の血は入っていないそうです。

　作出しているトレンパー氏があまり来歴や詳細な遺伝形態を明確にしていないので、市場で見かけることの少ない品種です。

タンジェロ

タンジェロエメリン

ハイビノ&サングロー&ハイグロー Hybino, Sunglow & Highglow

Chapter 4 ヒョウモントカゲモドキ図鑑

● **コンボ内容**＿スーパーハイポ（またはスーパーハイポタンジェリン）＋アルビノ（いずれか）

ハイビノ

トレンパーサングロー

　スーパーハイポまたはスーパーハイポタンジェリンと3種類のうちのいずれかのアルビノを組み合わせたものがハイビノです。明るい黄色からオレンジのボディーにはスポットがほとんど散らず、瞳はアルビノの赤目です。

　サングローは、ハイビノのうちでスーパーハイポタンジェリンとの組み合わせでつくられたものに、キャロットテールが発現したもの。ハイビノよりもオレンジが強いのが特徴です。

　ハイグローはスーパーハイポタンジェリンとトレンパーアルビノを使ってできたハイビノまたはサングローのうち、全身の90%以上にタンジェリンオレンジが出ているものを呼びます。

　用いるスーパーハイポタンジェリンのブランド名やアルビノの血統によって、別な名が付く場合もあります。たとえばスーパーハイポタン

ジェリンとレインウォーターアルビノの組み合わせでは「ファイアウォーター」とも呼ばれ、ブリーダーによってはさらにその中で発色の良い血筋を「ラヴァ」と名付けています。他にも、エレクトリックというスーパーハイポタンジェリンのブランドとアルビノ（主にトレンパーアルビノ）の組み合わせでは「オレンジジュース」と呼ばれるものもあります。

ファイアウォーター

レインウォーターサングロー

サングローエメリン

ファイアウォーター

ベルサングロー

ベルサングロー

ベルサングロー

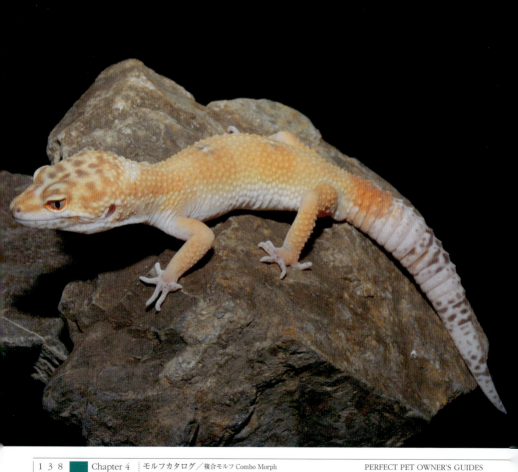

ハイビノ&サングロー&ハイグロー / Hybino, Sunglow & Highglow

PERFECT PET OWNER'S GUIDES　　ヒョウモントカゲモドキ　139

ソーラーエクリプス Solar Eclipse

●コンボ内容＿＿スーパーハイポタンジェリン＋エクリプス

オレンジほぼ一色のスーパーハイポタンジェリンの体に、エクリプスの目を持ちます。エクリプスはフルアイでもスネークアイでも同じ遺伝子ですが、ソーラーエクリプスの場合は特にフルアイの個体を指す場合が多いです。

レイニングレッドストライプ Raining Red Stripe

●コンボ内容＿＿レッドストライプ＋レインウォーターアルビノ

ブラッドレイニングレッドストライプ

レインウォーターアルビノとレッドストライプのコンボ品種です。レインウォーターアルビノは赤やオレンジがあまり発色せず、明るい黄色や白っぽい黄色になる傾向があるため、背の中央部のストライプは明るいですが、脇を縁取る部分は淡いオレンジになります。色みを強めるため、ブラッドなどタンジェリン系の品種をさらに組み合わせたコンボもあります。

パターンレスアルビノ（アルビノリューシスティック）

Patternless Albino
●コンボ内容＿マーフィーパターンレス＋アルビノ（いずれか）

レインウォーターアルビノリューシスティック

　リューシスティックとも呼ばれるマーフィーパターンレスと3種類いずれかのアルビノの組み合わせです。

　日本ではアルビノリューシスティックまたはアルビノリューシと呼ばれることが多いです。通常はトレンパーアルビノが用いられていますが、レインウォーターアルビノやベルアルビノのアルビノリューシスティックもあります。

　アルビノにより黒ずみがなくなり、全体的にすっきりとした明るい色合いになっています。また、特に黄色みが強くなる傾向があります。瞳の色はアルビノの色彩になっており、暗い場所では瞳が広がるためより分かりやすくなります。

ブレイジングブリザード Blazing Blizzard

●コンボ内容＿ブリザード+アルビノ（いずれか）

若い個体

　ブリザードと3つのアルビノのいずれかの組み合わせです。ブレイジングとは「吹き付ける」といった意味で、ブレイジングブリザードは「吹きすさぶ吹雪」のような意味になります。アルビノにより黒ずみがなくなるので、より白が強い色みになります。幼体時は皮膚が薄いため、全体的にピンク色に見えます。瞳の色はベルアルビノ、トレンパーアルビノ、レインウォーターアルビノの順に明るいですが、昼間のうちは瞳が細いので分かりづらい面もあります。

　通常、単にブレイジングブリザードと言うと、トレンパーアルビノを使ったものになり、他のアルビノを使うとベルブレイジングブリザード、レインウォーターブレイジングブリザードと言うようにアルビノの種類が名前に付きます。これは3種類のアルビノを使ったどのコンボ品種にもほぼ共通して言えることです。

若い個体

ゴースト（マックスノーゴースト） Ghost (Mac Snow Ghost)

Chapter 4
ヒョウモントカゲモドキ図鑑

●コンボ内容__ハイポメラニスティック＋マックスノー

幼体

ホワイトサイドゴースト

ゴーストビー

　「ゴースト」と呼ばれる品種には2つの別な表現があります。1つはP.207で紹介しているゴーストで、遺伝的要素などがまだ不確定ながら確立したミューテーションであると思われているもの、もう1つがここで紹介するマックスノーとハイポメラニスティックまたはスーパーハイポメラニスティックのコンボ品種です。

　コンボのほうのゴーストは、ハイポメラニスティックにより黒いスポットが減少し、さらにマックスノーの効果が加わって地色を含めた全体が薄くぼんやりとした白っぽい色調に変化しています。ブリーダーによっては「レモン」と呼んでいることもあります。

スノーハイポ Snow Hypo

Chapter 4
ヒョウモントカゲモドキ図鑑

●コンボ内容＿ハイポメラニスティック＋TUGスノー（またはGEMスノー）

TUGスノーハイポ

　マックスノーゴーストと同じくハイポメラニスティックとスノーの組み合わせですが、こちらはTUGスノーやGEMスノーなどマックスノーではないスノーを使ってつくられています。その表現はマックスノーゴーストとよく似ています。

クリームシクル Creamsicle

Chapter 4
ヒョウモントカゲモドキ図鑑

●コンボ内容＿スーパーハイポタンジェリン＋マックスノー＋キャロットテール

　クリームシクルはJMG reptile社によって開発されたコンボ品種で、スーパーハイポタンジェリンとマックスノーの組み合わせでつくられます。用いるスーパーハイポタンジェリンにはキャロットテールが強く出た個体を使い、次世代にもキャロットレールの影響が出やすいように計算されています。マックスノーなどスノー系を使うとコンボ品種にはどうしてもオレンジ色が打ち消されてしまうのですが、このクリームシクルは白い地色にオレンジが乗り、白みとオレンジみを同時に併せ持つ数少ないコンボ品種となっています。

クリームシクルエニグマ

ファントム Phantom

●コンボ内容＿トレンパーアルビノ＋スーパーハイポタンジェリン＋TUGスノー

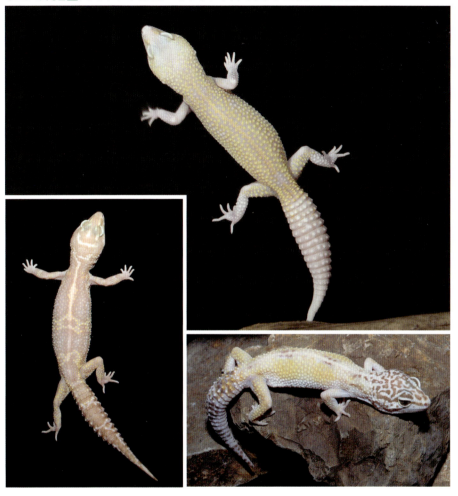

　ファントムはThe Urben Gecko社によってつくり出されたコンボ品種で、トレンパーアルビノとスーパーハイポタンジェリンの組み合わせでできたサングローに、TUGスノーが加わることによって作出されました。つまり、TUGスノーサングローとも言えるコンボモルフです。
　TUGスノーやスーパーハイポタンジェリンの作用は同血統交配によってより顕著になる遺伝なので、ファントムにもそのいずれの作用が強いかによって個体差があります。近い組み合わせでつくられるスノーグローよりも全体的にラベンダー色や白が強く、オレンジや黄色はあまり強く出ないほうが典型的とされます。

ゴブリン Goblin

Chapter 4 ヒョウモントカゲモドキ図鑑

●コンボ内容＿トレンパーアルビノ＋スーパーハイポタンジェリン＋TUGスノー＋エクリプス

ファントムにエクリプスを加えたさらなるコンボ品種で、ファントムの作出元であるThe Urban Gecko社がリリースしているのみなので、手に入りにくい品種です。エクリプスの目の色合いと体の柄を変える作用や鼻先を白く抜けさせる作用が追加され、不思議なカラーリングになっています。エクリプスとアルビノ、スーパーハイポタンジェリンの組み合わせは150ページで紹介するRAPTORと成分的には同様なため、ゴブリンはすなわちTUGスノーを使ったスノーRAPTORであるとも言えます。元となるファントム同様、成分中のTUGスノーやスーパーハイポタンジェリンの作用がどう顕著になるかによって、表現にも個体差がある品種です。ここではソリッドアイの個体を紹介していますが、スネークアイであってもゴブリンであることに変わりはありません。

ソーベ Sobe

Chapter 4 ヒョウモントカゲモドキ図鑑

●コンボ内容＿スーパーハイポタンジェリン＋マックスノー＋エメリン

ソーベはマックスノーゴーストの一種ですが、ハイポメラニスティックの代わりにスーパーハイポタンジェリンを用い、さらにエメリンを掛けることによってより濃いオレンジと白の組み合わせを目指して作られているコンボ品種です。現状はまだ選別交配を重ねている最中のようで、この先、さらに鮮やかな色みを目指して開発が進められていく予定です。

PERFECT PET OWNER'S GUIDES

スノーグロー Snowglow

Chapter 4
ヒョウモントカゲモドキ図鑑

●コンボ内容＿アルビノ（いずれか）＋スーパーハイポタンジェリン＋マックスノー

タンジェロを使ったスノーグロー

ベルスノーグロー

ベルスノーグロー

スノーグロー

スノーグロー

ベルスノーグロー

　いずれかのアルビノとスーパーハイポタンジェリンの表現を併せ持つ個体のうち、キャロットテールも発現しているのがサングローですが、スノーグローはこれに加えてマックスノーも発現しているコンボ品種です。その構成要素はファントムとよく似ていて、TUGスノーではなくマックスノーを使ったファントムといったところです。ラベンダー色やピンク・白が強いファントムに比べ、スノーグローはより白とオレンジが強いのが特徴です。そのオレンジはスーパーハイポタンジェリンのような原色のオレンジではなく、色濃いながらもどこか薄膜がかかったような柔らかな色みを持ちます。

ヒョウモントカゲモドキ 147

アプター APTOR

●コンボ内容＿トレンパーアルビノ＋パターンレスストライプ＋ハイポタンジェリン＋その他

若い個体

　Ron Tremper 氏によって作出された品種です。アプターは APTOR と表記され、その語源は A（アルビノ）、P（パターンレス）、T（トレンパー）、OR（オレンジ）の略です。上記のコンボ内容の他にも、いくつかの表に出ない要素（血統的なもの）が含まれており、何と何を組み合わせればアプターができるのかは正確に明らかにされていません（という

ジャイアントアプター

か、複数の血統交配がかなりの要素を占めているので、オリジナルで作出するとしても同じ過程を辿るのが至難の業です)。現状はアプターそのものかラプターから作出するほかありません。

アプターはその発展形であるように見えるラプターから後発的に誕生した品種で、体の模様は退縮していますがハイポタンジェリンのような減少のしかたではなく、個体差がありますが概ね大柄なドット状の模様が散るか、薄い列のような模様が残るかが多いよ

うです。頭部には不規則な斑紋が残ります。アルビノ化されているので、いずれの模様も濃いオレンジからラベンダー色になっています。また、尾にはキャロットテールが、頭にはキャロットヘッドが発現しています。

ラプターにあってアプターにない要素はエクリプスですが、アプターではこのエクリプスがヘテロ状態であるために目に変異は出ないものの、体の模様が退縮する作用に関してはヘテロ状態でも影響が出ているものと思われます。

PERFECT PET OWNER'S GUIDES

ラプター RAPTOR

Chapter 4
ヒョウモントカゲモドキ図鑑

●コンボ内容＿エクリプス+トレンパーアルビノ+パターンレスストライプ+ハイポタンジェリン+その他

　ラプターはアプターに加えてエクリプスが発現した品種で、RAPTORと表記されます。その語源はR（レッドアイ）、A（アルビノ）、P（パターンレス）、T（トレンパー）、OR（オレンジ）の略です。アルビノ化されたエクリプスが入っているので虹彩全体が真っ赤（フルアイの場合）か、前半分くらいが真っ赤（スネークアイ）、あるいは片目ずつがいずれかになっています。狭義では両目ともフルアイのものをラプターと呼んでいたらしいですが、最近ではスネークアイが片方あるいは両方の目に出ていて

もラプターと呼びます。遺伝的にはどの目でもエクリプスですので同じです。体の模様は消失しているのが上等とされますが、バンド柄が残ったものやリバースストライプ状の模様を持つものも多く存在します。特に全身がオレンジ一色になって模様がないものはサングローラプター、ソーラーラプターなどと呼ばれることもあります。この他、バンド柄が残ったものをバンデッドラプター、リバースストライプ柄のものをリバースストライプラプターと呼ぶなど最近では柄によって細かく呼び分ける場合も多い

バンド模様が強い個体。バンデッドラプターと呼ばれる場合もある

スネークアイラプター

です。

　真っ赤な目を持つオレンジ色の体をしたヒョウモントカゲモドキ、という非常にインパクトのある姿で一躍有名になり、これを元にしてさらなるコンボ品種が作られています。本来のラプターは血統交配が関わっているので、すでにできあがったアプターにエクリプスを交配させるか、ラプターそのものまたはそのコンボ品種から遡って作出する他なく、何かの品種を元にしてオリジナルのラプターをつくることはできませんでした。しかし最近では、トレンパー氏の血統以外でも、他のスーパーハイポタンジェリンを使い、これにエクリプスとトレンパーアルビノを組み合わせたものをラプターと呼ぶことも多くなってきています。表現形も血統以外の遺伝成分も両者は変わらないので、両者を見分けることはできません。元々はトレンパー氏の選別交配による専売特許だったこの品種が、それだけ認知されて世界中に広がってきたと言うことでしょう。

PERFECT PET OWNER'S GUIDES

レーダー RADER

Chapter 4
ヒョウモントカゲモドキ図鑑

●**コンボ内容**＿ベルアルビノ＋エクリプス＋ハイポタンジェリン＋パターンレスストライプ…etc.

　レーダーはラプターに用いるアルビノをトレンパーアルビノではなくベルアルビノを用いることによって作出された品種です。書き文字にすると簡単ですが、ラプターの項でも述べたようにラプターを作出するには法則性を伴う遺伝要素のほか、血統による選別交配も重ねなければならないため、ベルアルビノを使ってラプターと近い表現を出すのは相当な根気が要る作業です。JMG Reptile 社によって発表されました。RADAR と表記され

エメリンレーダー

ます。
　ベルアルビノ特有の瞳の赤さが、エクリプスによって虹彩全体に広がっているため非常に透明感のある鮮やかな赤の目をしています。斑紋部分はラプターより濃くスポット状に残る個体が多いようです。最近ではラプターと同じく、全身に模様が少なくオレンジ一色に近い個体をサングローレーダーと呼び分けられることもあります。

ヒョウモントカゲモドキ

タイフーン TYPHOON

Chapter 4 ヒョウモントカゲモドキ図鑑

●コンボ内容＿レインウォーターアルビノ＋エクリプス＋ハイポタンジェリン＋パターンレスストライプ…etc.

　タイフーンはラプターに用いるアルビノをレインウォーターアルビノで作出した品種です。レーダー同様、相当な根気を要する過程を経て作出されています。

　タイフーンは Typhoon、つまり台風のことで、レインウォーターアルビノを使ったコンボ品種には RainWater（人名ですが雨水を意味します）を元にしているのか、天候に因んだネーミングがよく用いられています。

レインウォーターアルビノは体色が淡く明るく、瞳は暗いワインレッドになるため、タイフーンにもその特徴はよく受け継がれています。斑紋は残りがちですが、模様そのものが薄く地色に溶け込んだような状態になるため、結果的に体全体が明るく見えます。エクリプスの影響で瞳の色が目全体（または前半分）に広がるため、暗いワインレッドの目になります。

幼体

ヒョウモントカゲモドキ

PERFECT PET OWNER'S GUIDES

Chapter 4
ヒョウモントカゲモドキ図鑑

マックスノーアルビノ　Mac Snow Albino

●コンボ内容＿マックスノー＋アルビノ（いずれか）

マックスノーレインウォーターアルビノストライプ

マックスノーベルアルビノ

　マックスノーと3つのアルビノのいずれかのコンボです。通常、単にマックスノーアルビノの名称が付いている場合はトレンパーアルビノを用いたもので、他の種類のアルビノとのコンボはマックスノーベルアルビノ、マックスノーレインウォーターアルビノなどと名が冠せられることがほとんどです。ブリーダー名の後に続く「アルビノ」が省略されたり、順番が入れ替わってベル（アルビノ）マックスノーなどの呼ばれかたをすることもあります。また、マックスノーのスノーが省略されることもあります。これらはコンボに連なる品種名が増えて長くなるにつれ、語感を良くするために順序

が変わったり一部が省略されたりするものです。コンボになると名が変わるものを除いて、通常は中に組み合わさっている品種が全て含まれた名が付けられているので、注意しながら名前を見ると別だと思っていたコンボ品種が同じものであることが理解できたりします。

　マックスノーアルビノは幼体のうちは白とピンクのバンドで、成長につれて地色部分に薄く黄色が乗ってきます。目の色は3つのアルビノのいずれかのタイプに準じます。マックスノーアルビノ同士の組み合わせで、次世代にスーパー体であるスーパーマックスノーアルビノが誕生します。

スーパーマックスノーアルビノ　Super Mac Snow Albino

Chapter 4 ヒョウモントカゲモドキ図鑑

●**コンボ内容**＿＿スーパーマックスノー＋アルビノ（いずれか）

スーパーマックスノーアルビノ

スーパーマックスノーアルビノ

スーパーマックスノーアルビノ（幼体）

スーパーマックスノーアルビノハイスペックルド

　共優性遺伝を持つマックスノー同士が組み合わさったスーパー体であるスーパーマックスノーに、3種類のうちいずれかのアルビノが組み合わさったコンボです。

　スーパーマックスノーの虹彩が一色になる特徴がアルビノ化によって赤または赤みがかった色合いへ変化しているほか、地色は淡くピンクがかった白に、斑紋部分は薄いブラウンの点線やドットになります。ハイスペックルタイプ（あるいはダイオライトタイプ）のスーパーマックスノーアルビノでは、コショウのように細かな模様が地色にほぼ溶け込んで、一見無地か薄いブラウンの膜をかけたように見えることもあります。

　ベルアルビノを使ったスーパーマックスノーアルビノは、特に目の色が明るく鮮やかです。

PERFECT PET OWNER'S GUIDES | Chapter 4 ヒョウモントカゲモドキ図鑑

マックスノーパターンレス Mac Snow Patternless

●コンボ内容＿マックスノー＋マーフィーパターンレス

マックスノーとマーフィーパターンレス（リューシスティック）のコンボ品種です。元来色みが明るく均一なマーフィーパターンレスなので、マックスノーにより黄色みが薄れても大々的な変化はあまり見られません。が、全体的に白が強く、中にはブリザードのように見える個体も出現します。幼体時に薄く模様がある点はマーフィーパターンレスと同じで、地色は黄色みがなくほぼ白です。マックスノーパターンレス同士の組み合わせで、次世代に共優性遺伝スーパー体であるスーパーマックスノーパターンレスが出現します。

158　Chapter 4　モルフカタログ／複合モルフ Combo Morph　　PERFECT PET OWNER'S GUIDES

スーパーマックスノーパターンレス　Super Mac Snow Patternless

Chapter 4 ヒョウモントカゲモドキ図鑑

●コンボ内容＿スーパーマックスノー＋マーフィーパターンレス

　マックスノーパターンレス同士の組み合わせで表れる、スーパー体が含まれるコンボ品種です。日本ではスーパーマックスノーリューシスティックとも呼ばれます。スーパーマックスノーやマックスノーを使ったコンボでは、通常含まれている品種名が列記されるだけなのですが、この組み合わせのみ「プラチナム」という別な呼びかたがあります。プラチナムとは白金の意味で、アメリカの一部のブリーダーはこの名を用いることがあります。模様はなく全くの無斑で、色は全体的に白っぽい感じで黄色みはほとんど消失します。スーパーマックスノーの特徴である全体が真っ黒な目をしています。また、幼体時はやや色味が灰色がかっており、背の中心部に他の部分より明るい白のラインが走っています。スーパーマックスノーブリザードと見ためはほとんど同じですが、幼体時では背のラインがこちらのほうがはっきりと目立つ傾向があります。

マックスノーパターンレスアルビノ

Mac Snow Patternless Albino

●コンボ内容＿マックスノー＋マーフィーパターンレス＋アルビノ（いずれか）

マックスノーパターンレスレインウォーターアルビノ（幼体）

マックスノーパターンレスレインウォーターアルビノ（成体）

　マックスノーとマーフィーパターンレス、そして3つのうちのいずれかのアルビノの表現が揃ったコンボ品種です。外観はマックスノーパターンレスとほぼ同様ですが、アルビノの影響を受けているので瞳は元になったアルビノと同じ色彩です。また、黒ずみはより少なく全体的に色調は明るめのトーンです。マックスノーパターンレスアルビノ同士を掛け合わせると、次世代にスーパーマックスノーアルビノが出現します。

スーパーマックスノーパターンレスアルビノ

Super Mac Snow Patternless Albino

●**コンボ内容**＿＿スーパーマックスノー＋マーフィーパターンレス＋アルビノ（いずれか）

　マックスノーパターンレスアルビノ同士で得られる、スーパー体表現が含まれるコンボ品種です。スーパーマックスノーパターンレス同様、パターンレスの部分をリューシスティックと言い換えてスーパーマックスノーリューシスティック、あるいはアルビノプラチナムと呼ばれることもあります。外観はスーパーマックスノーパターンレスと似ていますが、地色はより明るく、特に幼体時はスーパーマックスノーパターンレスに見られる黒ずみは全くなく、全身がピンク色をしています。アルビノの影響を受け、さらにスーパーマックスノーによる目全体の均一色化が表れるので、目は一様に赤ないし深いワインレッドになります。用いるアルビノがベルアルビノであればより明るく鮮やかな目の色に、レインウォーターアルビノが使われていれば目は暗いワインレッド一色になります。ただし、目の色みには個体差もあるので、明るい赤の個体＝ベルアルビノが使われていると言い切れるものでもありません。

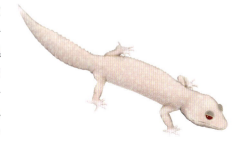

マックスノーブリザード

Mac Snow Blizzard
●**コンボ内容**＿マックスノー＋ブリザード

一様に黒い目の個体

　マックスノーとブリザードのコンボ品種です。元々ブリザードには黄色い色素が非常に少ないので、マックスノーで黄色みが消えてもあまり目立った変化はありません。孵化したての幼体時は通常のブリザードは脇腹などが薄黄色がかりますが、マックスノーブリザードは純白に近いです。成長につれ、通常のブリザードも白が強くなっていくので、外観は非常に似たものになります。ブリザードの特性として、時折一様に黒い目を持って生まれてくることがあります。これがマックスノーブリザードでもそうなりますが、その場合はスーパー体のコンボ品種であるスーパーマックスノーブリザードと外観がほぼ一緒になります。出自を知っていないと、こうしたイレギュラー個体とスーパーマックスノーブリザードの区別は難しいでしょう。

Chapter 4 ヒョウモントカゲモドキ図鑑

スーパーマックスノーブリザード
Super Mac Snow Blizzard
● **コンボ内容**＿＿スーパーマックスノー＋ブリザード

　マックスノーブリザード同士から誕生する、スーパー体を含んだコンボ品種です。外観は薄いグレーから白の体に真っ黒な目を持っています。スーパーマックスノーパターンレスと非常に外観が似ています。このコンボも背の中心線上に周囲より明るいラインが走ることが多いですが、スーパーマックスノーパターンレスのものよりは地色共々明るく目立ちにくいようで、成体になると消失します。

マックスノーブレイジングブリザード

Mac Snow Blazing Blizzard
●**コンボ内容**＿マックスノー＋ブリザード＋アルビノ（いずれか）

Chapter 4
ヒョウモントカゲモドキ図鑑

　マックスノーとブリザード、さらに3種類いずれかのアルビノが加わったコンボ品種です。マックスノーブリザードとよく似ていますが、こちらのほうが体色は明るく、幼体から成体まで一貫して桃色がかった白の場合が多いです。ごく淡い黄色が乗ることもあります。アルビノの影響を受け、瞳は元となったアルビノと同じ色合いをしていますが、明るい場所では瞳が非常に細いので、暗い場所でないとよく分からないかもしれません。マックスノーブレイジングブリザード同士を掛け合わせることによって、次世代に25%の確率でスーパー体であるスーパーマックスノーブレイジングブリザードが誕生します。

スーパーマックスノーブレイジングブリザード

Super Mac Snow Blazing Blizzard
●コンボ内容＿＿スーパーマックスノー＋ブリザード＋アルビノ（いずれか）

　マックスノーブレイジングブリザード同士の掛け合わせで誕生する、スーパー体を含むコンボ品種です。白に近い桃色から薄く黄色が乗った白などの体色で、目は全体がアルビノの色彩をしています。アルビノの種類による目の色みの違いは他のアルビノコンボ品種と一緒です。尾の部分はピンク色をしていることが多いです。ソリッドな赤い目と白い体色は、個体によってはディアブロブランコ（P.182）とそっくりで区別が付きにくいこともあります。スーパーマックスノーブレイジングブリザードでは目の色がより暗く、よく見ると背の中心に明るいラインが走っているのが確認できることもありますが、これも個体差があるため正確に区別するには出自の情報が必要です。

マックスノーエニグマ

Mac Snow Enigma
●コンボ内容＿マックスノー＋エニグマ

ダイオライトスノーエニグマ

スーパーマックスノーア
ルビノハイスペックルド

　マックスノーとエニグマのコンボ品種です。優性遺伝であるエニグマと、共優性遺伝であるマックスノーの組み合わせで次世代から25％の確率で得られます。マックスノーエニグマが出ない場合でも、ノーマルになるのは25％で、残り50％はそれぞれ25％ずつマックスノー、エニグマが次世代から得られることもあり、比較的容易につくれるコンボ品種として一時期多数作出されました。
　マックスノーの影響で白みが強くなって

おり、元々白が出るエニグマがさらに明るくファンシーな色合いになっています。ダイオライトタイプのマックスノーを用いた場合、斑紋はより細かなコショウ状に散る傾向が強いです。
　エニグマの影響で虹彩の色が濃くなっていて、一見真っ黒な目に見える個体もいますが、よく見ると黒一色ではなく深い灰色や焦げ茶の虹彩であることが分かります。

ダルメシアン（スーパーマックスノーエニグマ）

Dalmatian
●**コンボ内容**＿＿スーパーマックスノー＋エニグマ

ダイオライトタイプのマックスノーを用いたダルメシアン

　ダルメシアンはマックスノーエニグマ同士から誕生するスーパー体で、つまりはスーパーマックスノーエニグマのことです。すでにいくつか紹介していますが、コンボ品種にはこのように名称が単に品種名を繋げただけでなく、別な呼び名に変化する特定の組み合わせがあります。特に長くなりがちな複数コンボ品種に見られ、また、洒落っ気のあるブリーダーがその色表現を元にしたり、要素となっている品種名からの発展形な

どを命名する場合もあります。このダルメシアンは、もちろんその白地に不規則なごま塩模様から犬の品種であるダルメシアンを模して名付けられています。

　スーパーマックスノーの影響で、両目は一様に真っ黒です。個体によっては普通のスーパーマックスノーにも似ていますが、スポットが不均一になったり、尾の部分がより細かな点の集合になったりします。

Chapter 4 ヒョウモントカゲモドキ図鑑

マックスノーホワイトアンドイエロー
Mac Snow White & Yellow

●**コンボ内容**＿マックスノー＋ホワイトアンドイエロー

　マックスノーとホワイトアンドイエローのコンボ品種です。ホワイトアンドイエローはエニグマに似た表現を持つ品種ですが、ややブロッチが大きくまとまる傾向にあり、コショウのような細かい斑にはそれほどなりません。このマックスノーホワイトアンドイエローでもそれは同様で、マックスノーの影響により地色は淡くより白っぽくなっています。特に脇腹周辺は白い帯が出たようになることが多いです。

　優性のホワイトアンドイエローと共優性のマックスノーの組み合わせなので、これ同士を掛け合わせることによって次世代に25％の確率でスーパー体であるスーパーマックスノーホワイトアンドイエローが出現します。

スーパーマックスノーホワイトアンドイエロー

Super Mac Snow White & Yellow

●コンボ内容＿スーパーマックスノー＋ホワイトアンドイエロー

Chapter 4　ヒョウモントカゲモドキ図鑑

マックスノーホワイトアンドイエロー同士から25％の確率で生まれるコンボ品種です。ホワイトアンドイエローと同じく、模様を乱す作用があるスーパーマックスノーエニグマ（ダルメシアン）では白地に不規則なごま塩模様ですが、より模様が大ぶりでまとまった形状に乱れる傾向があるホワイトアンドイエローとスーパーマックスノーのコンボではあまり強い影響が出ることはなく、一見すると普通のスーパーマックスノーのようです。ただし見比べると、ホワイトアンドイエローの脇腹を白く抜けさせる作用が強く出ていて、斑紋が背の上の部分に集中し体側がより白く色抜けしています。また、斑紋も一部が太い点線状に繋がるなど、ホワイトアンドイエローの模様を大きくまとめる作用が影響していることが分かります。

マックスノーエクリプス　Mac Snow Eclipse

Chapter 4　ヒョウモントカゲモドキ図鑑

●コンボ内容＿マックスノー＋エクリプス

マックスノーとエクリプスの組み合わせです。全体的に淡く白っぽい色調になるマックスノーに、一様な黒目あるいは前半分が黒く染まったスネークアイが発現するエクリプスの特徴も表れます。また、エクリプスは他品種と組み合わさる際に、吻端部から頬にかけてや手足の先端・脇腹などが白く色抜けしたり、体や尾の斑紋を細かく少なくさせる作用があります。個体によってその発現はまちまちですが、マックスノーエクリプスでもそのような特徴が表れた個体が多く見られます。

トータルエクリプス（スーパーマックスノーエクリプス）／ギャラクシー

Total Eclipse／Gallaxy
● コンボ内容＿スーパーマックスノー＋エクリプス

　トータルエクリプスは、マックスノーエクリプス同士の組み合わせから誕生するスーパー体で、つまりスーパーマックスノーエクリプスです。元々両目とも黒一色の目であるスーパーマックスノーに、一様な黒目になるエクリプスを組み合わせたところで外観に変化はないように考えられがちですが、P.169でも述べたとおり、エクリプスはコンボになった際に目の色彩の他にも頬から吻端・手足の先・脇腹などを白く色抜けさせるような作用があるので、このトータルエクリプスも通常のスーパーマックスノーに比べて鼻先から頬、手足の先などが白くなり、模様が入らなくなる傾向が強いです。

● ギャラクシーについて
　このトータルエクリプスとほぼ同じものと考えられているものにギャラクシーがあります。ギャラクシーは2011年にアメリカ合衆国の超有名ブリーダーである Ron Tremper 氏が来日した際、同氏が行ったセミナーで世界に先駆けて発表された品種です。
　その出自はあまりあきらかにされていませんでしたが、トレンパー氏の説明によれば、マックスノーとアビシニアン（ラプターとエクリプスから得られるとされる品種／P.208）を組み合わせた、スノーアビシニアンというコンボ品種にスーパーマックスノーを組み合わせたものとのことです。ただし、海外ではこれに懐疑的な意見もあり、前述したトータルエクリプスとほぼ同じ外観特徴なうえ、スノーアビシニアンを分解して考えれば要素もどちらも同じであることから、新品種と呼んでよいのかとの意見も出ました。話をややこ

トレンパー氏が自身で日本に持ってきたギャラクシー

しくしているのは、トレンパー氏が初めて日本で発表した際の個体は「真っ黒な目、体に散った黒いスポット、両肩にある黄色く丸い斑紋」が特徴で、それぞれを「月（目）、星（スポット）、太陽（黄色い斑）」に見立てて、それらを包括するという意味でギャラクシー（銀河）と名付けたという説明を行ったためです。実際は、この時の個体はパラドックス（P.212参照）で、通常では出現することがない特徴が出ていたイレギュラー個体だったのです。それは両肩に出ているという黄色いスポットで、その後、同氏がリリースしていったギャラクシーにはこの肩の模様はありませんでした。つまりはトータルエクリプスと同じ特徴だったわけです。

　トレンパー氏は後に最初の個体がパラドックスであったことを公開しており、初公開時の個体のタイプは「パラドックスギャラクシー」と名称を改めています。これは、元々パラドックスに近い（あるいはそれそのもの）

特徴を持つ品種であるアビシニアンが使われていたことによるものと思われます。アビシニアンについてはP.208で解説していますが、未だ謎めいた品種でその来歴や作用、遺伝法則がはっきり分かっていないのです。上記の経歴から、ギャラクシーの現在の姿は、トータルエクリプスとほぼ同じであるという認識が一般的です。

　ただし、トレンパー氏は自身のギャラクシーの独自性に自信を持っており、トータルエクリプスとギャラクシーを区別しています。逆に、高名なトレンパー氏をリスペクトして、トータルエクリプスにあえてギャラクシーの名を冠しているブリーダーも出てきています。こうした複雑な経緯があってトータルエクリプスとギャラクシーとの区別は難しいですが、現状では、スーパーマックスノーとエクリプスのコンボ（＝トータルエクリプス）にトレンパー氏の選別血統交配も加わったものがギャラクシーと考えるのが良いようです。

ギャラクシーエニグマ Gallaxy Enigma

Chapter 4 ヒョウモントカゲモドキ図鑑

●コンボ内容＿＿スーパーマックスノー＋エクリプス＋エニグマ

色抜けが激しい個体

　ギャラクシーにエニグマを加えることにより模様を乱し、さらに奇抜な柄にしたものがギャラクシーエニグマです。前述したようにギャラクシーはトータルエクリプスと成分が同じで、同様なものと考えている海外ブリーダーも多いため、現在ではトレンパー氏の血筋ではないトータルエクリプスとエニグマのコンボでもギャラクシーエニグマと呼ぶことが多いです。逆に、ギャラクシーを懐疑的にみているブリーダーはこの名を用いず、トータルエクリプスエニグマと呼ぶ場合もあります。

　エニグマの模様を強く乱す作用がどこまで影響するかによって見ためには開きがありますが、はげしい個体ではトータルエクリプスの模様を消しゴムでランダムに消していったような芸術的な柄になったりもします。

ユニバース（ギャラクシーホワイトアンドイエロー）Universe

Chapter 4 ヒョウモントカゲモドキ図鑑

●コンボ内容＿スーパーマックスノー＋エクリプス＋ホワイトアンドイエロー

パイドユニバース

若い個体

　ユニバースはギャラクシーにホワイトアンドイエローを組み合わせたコンボ品種です。前述したようにギャラクシーはトータルエクリプスと成分が同じで、同様なものと考えている海外ブリーダーも多いため、現在ではトレンパー氏の血筋ではないトータルエクリプスとホワイトアンドイエローのコンボでもユニバースと呼びます。その姿はトータルエクリプスに近いものですが、ユニバースでは鼻先や尾・手足や脇腹の白い色抜けが非常に顕著になり、個体によっては頭頂部付近まで白抜けして部分白化したようにさえ見えます。そうした個体はパイドユニバースと呼ばれたりします。パイドとは部分的な白化のことです。また、ユニバースは背部の黒いスペックルもトータルエクリプスよりもさらに細かくなる傾向があります。

マックスノーラプター Mac Snow RAPTOR

Chapter 4
ヒョウモントカゲモドキ図鑑

●コンボ内容＿マックスノー＋ラプター

　マックスノーラプターはマックスノーとラプターのコンボ品種で、斑紋や目の特徴はラプターと同様ですが、全体的に体色は淡く明るく、特に幼体時は白みが非常に強いのが特徴です。成長すると地色は淡い黄色になります。また、ラベンダー色のバンド模様などの斑紋が、通常のラプターに比べて広く出る傾向が強いです。

　マックスノーのマックを省略してスノーラプターと呼ばれることがありますが、後述の他のスノーとラプターのコンボと区別しにくいので少し紛らわしい呼びかたです。マックスノーラプター同士の組み合わせでスーパーマックスノーラプターが出現します。遺伝形式は異なりますが、TUGスノーやGEMスノーでも同様にラプターとのコンボがあります。これらの見ためはマックスノーラプターと大差はありませんが、スーパー体がないためスーパーGEMスノーラプターやスーパーTUGスノーラプターは存在しません。

PERFECT PET OWNER'S GUIDES

Chapter 4
ヒョウモントカゲモドキ図鑑

スーパーマックスノーラプター Super Mac Snow RAPTOR

●コンボ内容＿スーパーマックスノー＋ラプター

ゴジラジャイアントスーパーマックスノーラプター

　マックスノー同士の交配で得られるスーパー体とラプターとのコンボ品種で、マックを省略してスーパースノーラプターとも呼ばれます。スーパーマックスノーの特徴である一様な目の色はラプターもすでに持っているため、目はラプターと同じ全てが真っ赤な目です。ただし、スーパーマックスノーの影響で必ず一様に一色の目になりスネークアイは表れないため、スーパーマックスノーラプターでは常に両目とも真っ赤なフルアイです。また、体の地色はピンクがかった白になり黄色みはほとんど消失します。斑紋はスーパーマックスノーのものより幾分不規則なスポット模様が背全体に残りますが、成体では地色に溶け込んでしまって遠目に見ると無斑のようにも見えます。ラプターに含まれるエクリプスの影響で、よく見ると鼻先部分や脇腹が白く色抜けしています。

マックスノーレーダー Mac Snow RADER

Chapter 4
ヒョウモントカゲモドキ図鑑

●コンボ内容＿マックスノー+レーダー

　マックスノーラプターのベルアルビノバージョンがマックスノーレーダーです。基本的な特徴はマックスノーラプターに準じますが、ベルアルビノの影響で目の色みはより赤く鮮やかです。また、体の斑紋は比較的濃くはっきりと残る傾向にあり、斑紋と斑紋の間に細かなスポットが出やすいのも特徴です。これはベルアルビノがマックスノーと合わさった際に発現する特徴のようで、マックスノーベルアルビノにもこうした特徴が多く見られます。

　以前はマックスノーレーダーを別名「ステルス」と呼ぶのが主流でしたが、現在ではステルスはマックスノーレーダーにエニグマも加わったコンボを指すとする意見が強く、ステルスの名が付いているのはエニグマの入ったコンボであることがほとんどです。

PERFECT PET OWNER'S GUIDES　　　　　　　　　　　Chapter 4 ヒョウモントカゲモドキ図鑑

スーパーマックスノーレーダー　Super Mac Snow RADER

●コンボ内容＿スーパーマックスノー＋レーダー

　マックスノー同士の交配で得られるスーパー体とレーダーとのコンボ品種で、マックを省略してスーパースノーレーダーあるいはスーパーレーダーとも呼ばれます。

　スーパーマックスノーの特徴である一様な目の色はレーダーもすでに持っているため、目はレーダーやマックスノーレーダーと同じく全てが真っ赤です。ただし、スーパーマックスノーの影響で必ず一様に一色の目になり、スネークアイは表れないため、スーパーマックスノーレーダーでは常に両目とも真っ赤なフルアイです。また、体の地色はピンクがかった白になり黄色みはほぼ消失します。斑紋はスーパーマックスノーのものより幾分不規則なスポット模様が背全体に残ります

が、成体では地色に溶け込んでしまって遠目に見ると無斑のようにも見えます。レーダーに含まれるエクリプスの影響で、よく見ると鼻先部分や脇腹が白く色抜けしています。

　これらの特徴はスーパーマックスノーラプターとほぼ同じですが、スーパーマックスノーレーダーではより目の明るさが際立ちます。昔はマックスノーレーダーをステルスと呼んでいたため(P.192参照)、スーパーマックスノーレーダを合わせてスーパーステルスと呼んでいたこともあります。現在ではスーパーステルスはスーパーマックスノーレーダーに、さらにエニグマが加わったコンボ品種を指す場合がほとんどです。

マックスノータイフーン Mac Snow Typhoon

●コンボ内容＿マックスノー＋タイフーン

　マックスノーラプターのレインウォーターアルビノバージョンがマックスノータイフーンです。基本的な特徴はマックスノーラプターに準じますが、レインウォーターアルビノの影響で目の色みはより暗く、ほとんど黒に近い場合も多いです。体の斑紋は比較的薄く、地色に溶け込むように曖昧になる傾向が強いです。色み自体も、マックスノーラプターやマックスノーレーダーに比べてより白みが強く彩度が低い個体が多く見られます。

　レインウォーターアルビノのコンボは他のアルビノのコンボより流通が少なく、マックスノータイフーンもあまり市場で見かけることが多くありません。

PERFECT PET OWNER'S GUIDES

スーパーマックスノータイフーン
Super Mac Snow Typhoon

Chapter 4 ヒョウモントカゲモドキ図鑑

● コンボ内容＿＿スーパーマックスノー＋タイフーン

　マックスノータイフーン同士の組み合わせで出現するスーパー体で、スーパースノータイフーン、またはスーパータイフーンとも呼ばれます。

　スーパーマックスノーの特徴である一様な目の色はタイフーンもすでに持っているため、目はタイフーンやマックスノータイフーンと同じく全てが一様な色です。ただし、スーパーマックスノーの影響で必ず一様に一色の目になりスネークアイは表れないため、スーパーマックスノータイフーンは常に両目とも黒に近い深いワインレッドです。また、体の地色はピンクがかった白になり黄色みはほぼ消失します。斑紋はスーパーマックスノーのものより幾分不規則なスポット模様が背全体に残ることもありますが、多くは地色に溶け込んでしまい、一見白一色に近く見えることも多いです。

ヒョウモントカゲモドキ 179

エンバー（パターンレスラプター） Ember

Chapter 4 ヒョウモントカゲモドキ図鑑

●コンボ内容＿マーフィーパターンレス＋ラプター

スノーフレーク

　エンバーはラプターを用いたコンボ品種の一つで、マーフィーパターンレスとのコンボです。エンバーとはEmberと記し、燃えさしや残り火を意味します。日本ではアンバーと読まれることもありますが、アンバーではAmber（琥珀）かUmber（黄色顔料）になってしまい意味合いが異なってしまいます（琥珀色や黄色顔料という品種名でも、あながち的外れとも言い切れませんが）。

　マーフィーパターンレスのすっきりとした無斑がラプターの黄色やオレンジを強める作用と相乗して、胴から頭にかけては完全に無斑で濃い黄色から山吹色、尾は付け根部分が濃いオレンジ、そして目は真っ赤なフルアイかスネークアイです。

　エンバーにマックスノーが加わったコンボを「スノーフレーク」と言います。エンバーから黄色みを抜いて薄いクリーム色にしたような品種ですが、流通は少なくなかなか見かけません。

サイクロン（パターンレスタイフーン） Cyclone

Chapter 4 ヒョウモントカゲモドキ図鑑

●**コンボ内容**＿マーフィーパターンレス＋タイフーン

サイクロン

マックスノーサイクロン

マックスノーサイクロン

　サイクロンはレインウォーターアルビノ版のエンバーで、タイフーン（レインウォーターアルビノ＋エクリプス）とマーフィーパターンレスとのコンボです。サイクロンとはインド洋や南太平洋で発生する熱帯低気圧のことで、北太平洋で発生する熱帯低気圧であるタイフーン（台風）の発展形ということで、言葉遊び的に名付けられています。サイクロンの外観はエンバーと似ていますが、レインウォーターアルビノが使われているため全体的な色みは淡く明るい感じで、特に尾や顔の周りは白が強くなります。虹彩を含めた目全体は赤よりも深いワインレッドで、一見すると黒のようにも見えます。サイクロンにマックスノーを加えてさらに白みを強めた「マックスノーサイクロン」という品種もあります。

ディアブロブランコ（ブリザードラプター）

Diablo Blanco
●**コンボ内容**＿＿ブリザード＋ラプター

Chapter 4 ヒョウモントカゲモドキ図鑑

　ラプターとブリザードのコンボ品種です。ディアブロ Diablo とはスペイン語で「悪魔」、ブランコ Blanco とは同じくスペイン語で「白」という意味です。「魔性の白＝この世のものとは思えないほど白い」というような意味です。アメリカ合衆国で誕生した品種名がなぜスペイン語なのかは判然としませんが、合衆国南西部では一部スペイン語が混在した英語が使われることによるのでしょう。作出者の Ron Tremper 氏はテキサス州在住です。

　非常にインパクトのある容姿から、人気が高い品種です。基本的にはピンクがかった明るい白の体色で、成体に近づくにつれピンクみも消え、硬質な白に近づきます。ただし個体差もあり、成体ではほんのわずかに黄色みがかるオフホワイトやミルク色になる個体もいます。ブリザードにも色彩に個体差があるように、その発展形であるディアブロブランコにも色みに差があるのです。この個体差を少なくし、より均一に白い個体を狙ってマックスノーを加えた「スノーディアブロ」というコンボ品種もあります。スノーディアブロはより白が強い個体が多く見られます。

　ディアブロブランコの目はラプターの影響で、真っ赤なフルアイか前半分が真っ赤なスネークアイです。作出者のトレンパー氏

ブランコ。ディアブロブランコ同士を親に持つが、目はノーマルアイ

は、ディアブロブランコ同士の組み合わせでも目がスネークアイでもフルアイでもないノーマルアイの個体が表れることがあるとしています。実際繁殖していると稀にそうした個体が生まれます（なぜかスネークアイの個体を親に使うと生まれやすいようです）。その外観はブレイジングブリザードと全く区別が付きませんが、劣性遺伝であるエクリプスを持つディアブロブランコ同士から生まれているため、本来は何らかの目の変異があるはずです。にもかかわらず、目に変異が起きない個体が生まれるのは、エク

リプスがおそらく単なる目だけの遺伝ではない可能性を示唆しています。ラプターとアプターの関係もこうした「目の変異が起きないエクリプス」が関わっていると思われます。ただし、これらはまだ検証されていないので、現段階では「そういうこともある」程度に覚えておきましょう。

　ディアブロブランコ同士から生まれるノーマルアイの個体をトレンパー氏は「ブランコ」と呼んでいます。ブランコ同士の掛け合わせでは、再びディアブロブランコが出現するとのことです。

ヒョウモントカゲモドキ　183

Chapter 4 ヒョウモントカゲモドキ図鑑

ホワイトナイト（ブリザードレーダー） White Knight

●コンボ内容＿ブリザード＋レーダー

　ラプターではなくレーダーとブリザードを組み合わせたのがホワイトナイトです。英語で記すと White knight で、白騎士という意味になります。スペルが異なる Whight night（白夜）ではありません。おそらくこれはディアブロブランコ（悪魔の白）に対応して「騎士の白」と名付けられているのでしょう。騎士は一般に、正義のイメージです。命名者の遊び心が感じられる品種名になっています。
　構成要素がベルアルビノに変わったことで目の色合いはより透明感のある鮮やかな赤になり、全体が真っ赤なソリッドアイか前半分が赤いスネークアイです。体色はやはりディアブロブランコ同様、純白からやや黄色がかった白一色です。
　作出には少なくともベルブレイジングブリザードとレーダーを用いないと相当世代が掛かってしまいますが、ベルブレイジングブリザードの流通が多くないため、ホワイトナイトの流通量もディアブロブランコに比べてずっと少なく、2017年段階ではまだ希少な品種です。

ビー（エクリプスエニグマ） BEE

Chapter 4 ヒョウモントカゲモドキ図鑑

● コンボ内容＿エニグマ＋エクリプス

　ビーはエニグマとエクリプスのコンボ品種です。表記では BEE と記し、これは Black Eye Eniguma の頭文字を略したものです。

　元々エニグマは虹彩の色みが濃い（特に幼体期）のですが、ビーではエクリプスが加わることによって完全に真っ黒なフルアイか目の前半分が黒いスネークアイのどちらかを持ちます。スネークアイの場合でも、エニグマの虹彩の地色が濃いため一見すると一様に黒い目に見えることが多いです。

　体色は通常のエニグマと同じく細かな黒いスポットが不規則に体のあちこちに固まっていたり、ラベンダー色のぼんやりした斑、オレンジ色のウォッシュなどが見られますが、全体的にやや色合いが薄い個体が多いです。

PERFECT PET OWNER'S GUIDES | Chapter 4 ヒョウモントカゲモドキ図鑑

ブラックホール Black Hole

●コンボ内容＿エニグマ＋エクリプス＋マックスノー

　エニグマとエクリプスのコンボ品種であるビーに、さらにマックスノーが加わったのがブラックホールです。目はビーと同じく完全に真っ黒なフルアイか目の前半分が黒いスネークアイのどちらかを持ちます。

　体色はエニグマと同じく個体ごとに個性が異なる不規則な斑紋で、コショウを散らしたような斑点が強く全身を覆います。マックスノーが加わることによって地色は白が強くなっています。

PERFECT PET OWNER'S GUIDES

ノヴァ Nova

Chapter 4
ヒョウモントカゲモドキ
図鑑

●コンボ内容＿エニグマ＋ラプター

　ノヴァはラプターとエニグマのコンボ品種で、ラプターによりアルビノ化しているため体色の黒いスポット部分は明褐色からラベンダー色に変化し、全体的に明るい色合いになっています。模様は全体的に退縮する傾向が強く、背が無斑のように見える個体も中にはいます。ラプター特有のレッドアイで、完全に真っ赤なフルアイか目の前半分が赤いスネークアイのどちらかを持ちます。

　ノヴァはNOVAと記し、これは「新星」のことです。新星は文字どおり「新しい星」のほか、天体用語で爆発が起きて急激に強い光を発する星を指します。品種としてのノヴァは体に散るスポットを星の爆発に例えたものでしょう。また、エクリプスを用いた品種には天文や天体に関する単語がよく使われるという慣例も踏襲したものです。

ヒョウモントカゲモドキ　187

ドリームシクル Dreamsickle

●コンボ内容＿エニグマ＋ラプター＋マックスノー

　ドリームシクルはラプターとエニグマのコンボ品種であるノヴァにマックスノーが加わったものです。基本的な色合いはノヴァに似ていますが、マックスノーが加わったことによって地色が白みを帯びており、全体的に柔らかな色みになっています。スポットは幾分規則的に並ぶ傾向にあり、円形でやや大きめのものが多いです。目は完全に真っ赤なフルアイか、前半分が赤いスネークアイのどちらかを持ちます。

　ドリームシクルは語感がクリームシクルと似ているのでその発展形と思われがちですが、書き文字にするとDreamsickleとCremesicleでスペルが異なるのが分かります。クリームシクルのほうはオレンジのアイスキャンディーでコーティングしたアイスクリームのことで菓子の名前ですが、ドリームシクルはDream＝夢とSickle＝鎌の合わさった言葉で、ちょっと意味が分かりません。ただし、Dreamsicleというクリーム菓子あるいはカクテルもあるので、こちらを意図して名付けられている可能性もありそうです。品種としてはクリームシクルとドリームシクルにはあまり関連性はありません。

　マックスノーの代わりにTUGスノーを使った組み合わせでは、「アイシクル」と呼

幼体

アイシクル

アイシクル

ばれます。アイシクルはつららの意味で、スノー（雪）を使ったコンボであることを連想させると共に、ドリームシクルと語感が近い単語を選び、ドリームシクルと成分が近いことも意図して名付けられたのでしょう。

アイシクルとドリームシクルの見ためはほとんど変わりませんが、TUGスノーを用いているアイシクルには、ドリームシクルと異なりスーパー体バージョンはありません。

ヒョウモントカゲモドキ

Chapter 4 ヒョウモントカゲモドキ図鑑

スーパーノヴァ　Super Nova

●コンボ内容＿＿エニグマ＋ラプター＋スーパーマックスノー

　ドリームシクル同士の交配で 25% の確率で生まれる、スーパー体を含むコンボがスーパーノヴァです。つまり、スーパーマックスノーラプターエニグマです。

　マックスノーを含むドリームシクルのスーパー体なのに、なぜマックスノーを含まないノヴァのスーパー体であるかのような名が付いているのかというと、ビー・ブラックホール・ノヴァ・ドリームシクル・スーパーノヴァは、ほぼ同時期に A&M Geckos 社が開発・リリースし、スーパーノヴァは「スーパーマックスノー＋ノヴァ」の略のような意味合いでそう名付けられたのです。ドリームシクルより後の時期に発表されていれば、ストレートにスーパードリームシクルとでも名付けられていたかもしれません。

　スーパーマックスノーが加わったことにより、体の地色は桃色を帯びた白になり、黄色みはほぼ消失します。体のスポットはスーパーマックスノーアルビノと同じように薄い

生まれて間もない幼体

ココアブラウンの大柄なスポットが並ぶ感じですが、エニグマも加わっているため所々に不規則にもう少し濃い黒のスポットが被さります。これらの模様はラプターの影響でかなり薄れ、地色に溶け込むような場合もあります。また、生まれたばかりの幼体はほとんど模様がなく他の品種のように見えることもあります。

目はスーパーマックスノーの影響で、両目とも必ずワインレッド一色になります。

ステルス&ソナー Stealth／Sonar

●コンボ内容＿マックスノー＋レーダー＋エニグマ

　ドリームシクルのベルアルビノバージョンがステルスで、マックスノーレーダーとエニグマのコンボとなります。ステルスは Stealth と記し「姿を潜めた」というような意味ですが、これは元となっているレーダーが「Radar＝感知器」であることからの言葉遊び的な名付けかたのようです。ステルスは隠密的な意味の他に、レーダー感知をしにくくする軍事技術のことも指すのです。エニグマの影響が強く、体の斑紋は比較的濃くはっきりと残る傾向にあり、斑紋と斑紋の間に細かなスポットが出やすいのも特徴です。これはベルアルビノがマックスノーと合わさった際に発現する特徴のようで、マックスノーベルアルビノをより極端にしたような模様と言えます。

　マックスノーレーダー同様、ステルスはベルアルビノの影響で、目の色みがドリームシクルよりずっと赤く鮮やかです。以前はマックスノーレーダーをステルスと呼んでおり、ベテランのブリーダーや昔から存在する WEB サイトではステルスがマックスノートレーダーのコンボ品種であり、エニグマは関わっていないと

カルサイト

マックスノーではなくTUG
スノーを用いたカルサイト

The Urban Gecko社
のソナー。成分として
はステルスと同様

カルサイト

している場合もあります。例えば、古参ブリーダーであるRon Tremper氏などはステルスの名をマックスノーレーダーに対して用い、エニグマが加わったものはステルスエニグマと呼んでいます。しかし近年では若い世代のブリーダーを中心に、マックスノーレーダーにエニグマを加えたものをステルスと呼ぶようになり、そちらが主流になりつつあります。本書でも、新しい世代の慣習に倣ってステルスはマックスノーレーダーとエニグマのコンボとして紹介します。

こうした混乱を避けるためにステルスという名称自体を用いないブリーダーも出始めていて、カナダのThe Urban Gecko社はマックスノーレーダーとエニグマの組み合わせをステルスではなく「ソナー」と呼んでいます。ソナーはSONARと表記し、sound navigation and ranging（水中探知機）の頭文字を繋げたものです。ステルスの由来同様、レーダーと絡めた言葉遊びであるのが分かります。

ステルスはマックスノーが関わった品種なので、それ同士を掛け合わせるとスーパー体であるスーパーマックスノーステルス（スーパーステルス）が25%の割合で出現します。この他、ステルスにホワイトアンドイエローを加えた「カルサイト（方解石の意味）」というコンボ品種も存在します。

PERFECT PET OWNER'S GUIDES

クリスタル Crystal

Chapter 4
ヒョウモントカゲモドキ
図鑑

●コンボ内容＿マックスノー＋タイフーン＋エニグマ

スノーストームクリスタル

ホワイトアンドイエローを加えたホワイトアンドイエロークリスタル。タイフーン版のカルサイトとも言える

クリスタルのスーパー体にあたるスーパークリスタル

　ドリームシクルのレインウォーターアルビノ版がクリスタルです。マックスノータイフーンとエニグマのコンボです。クリスタルは水晶の意味で、レインウォーターアルビノを用いた品種には、気象用語に関連した名前を付けるという慣例に反して鉱石の名が付けられています。エニグマが入っているためランダムで複雑な模様になってはいますが、トレンパーアルビノ版であるドリームシクルやベルアルビノ版であるステルスよりも淡く、地色もよりマックスノーの影響が強いぼんやりと薄いものになっています。

　目の色みはエクリプスとレインウォーターアルビノの影響で、見ようによっては黒にも見える深いワインレッド一色のフルアイか前半分のみが濃いワインレッドのスネークアイです。

194　Chapter 4　モルフカタログ／複合モルフ Combo Morph　PERFECT PET OWNER'S GUIDES

ブラッドサッカー Blood Sucker

Chapter 4
ヒョウモントカゲモドキ図鑑

●コンボ内容＿エニグマ＋ベルアルビノ＋マックスノー

　エニグマとベルアルビノはコンボ化することによって斑紋が非常に乱れたり、虹彩や目の周囲が赤く染まったりする（エクリプスアルビノのそれとは違い、瞳と虹彩ははっきり分かれていながら共に赤くなります）ことで注目を浴びていますが、それにマックスノーを加えたのがブラッドサッカーです。

　体色は白みが強く、ベルアルビノとエニグマの影響で褐色の斑紋が細かく乱れ、コショウを散らしたようになっている部分が多いです。目は上記のとおり血走ったような色合いで、ブラッドサッカー、つまり吸血鬼を連想させる怪しげな風貌から名付けられています。

エニグマのコンボ品種

Chapter 4
ヒョウモントカゲモドキ図鑑

●コンボ内容＿＿エニグマ＋さまざまな他品種

トレンパーアルビノエニグマ

エクストリームエメリンドトレンパーアルビノエニグマ

トレンパーアルビノエニグマ

　エニグマは優性遺伝し、直下の世代に50%の確率でそのまま伝わるため、コンボ品種を目指すブリーダーには非常に使い勝手の良い品種です。また、その作用も独特で、柄や色を個体ごとと言ってもよいほどにバラエティー豊かに乱すため、思いもよらぬデザイン性のあるコンボ品種が生まれたりします。そのため、一時期多くのブリーダーによってさまざまな品種

TUGスノーエニグマ / サングローエニグマ / ハロウィンマスクエニグマ / ブラッドタンジェリンエニグマ / ブラッドレッドスノーストライプレッドアイエニグマ / タンジェリンアルビノエニグマ

が作られました。通常は単にエニグマ+○○（組み合わせた品種名）、あるいは○○エニグマと呼ばれて販売されますが、同じ組み合わせでもエニグマの作用の仕方によって個体の表現にはかなりのばらつきが出ます。独創的な表現の個体が出ると、ブリーダーによっては

それに特別な名を付けたりもします。そのため、それがコンボ品種自体の名前であると勘違いされてしまうこともわりとよくあります。

ここでは、独自性のある名が付けられたものではなく、純粋にエニグマと別品種の組み合わせを列挙しておきます。

オーロラ Aurora

Chapter 4 ヒョウモントカゲモドキ図鑑

●コンボ内容＿ホワイトアンドイエロー＋ベルアルビノ

　比較的最近になって流通が広がってきた、ホワイトアンドイエローとベルアルビノのコンボ品種がオーロラです。
　スノー系はこのコンボに入っていませんが、全体的に淡く薄い色合いになるのが特徴で、体側を中心とした体色は白っぽく、背部付近は薄黄色、四肢や尾には淡いピンクからラベンダー色、背にはオレンジ色のぼやけた斑が不規則に入ります。ホワイトアンドイエローの作用である色みを明るく薄くすることと、ベルアルビノのラベンダー色やオレンジが強く出る特性が効果的に組み合わさっています。こうした幻想的な色合いからオーロラと名付けられました。

マックスノーオーロラ

サングローオーロラ

> Chapter 4 ヒョウモントカゲモドキ図鑑

ホワイトアンドイエローのコンボ品種

●コンボ内容＿ホワイトアンドイエロー＋さまざまな他品種

ホワイトアンドイエロートレンパーアルビノタンジェリン

ホワイトアンドイエローベルスノーグロー

ホワイトアンドイエローマックスノーレーダー

　エニグマと同じく優性遺伝し、直下の世代に50％の確率でそのまま伝わるという利点と、エニグマとはまた異なった模様を乱す効果、色合いを明るくファンシーにする効果などが注目され、ホワイトアンドイエローをコンボに組み込むブリーダーが近年では増えてきています。エニグマと異なり、ホワイトアンドイエローは頭を振るなどの神経障害がなく、エニグマを使ったコンボをホワイトアンドイエローに置き換えていくブリー

ホワイトアンドイエローレーダー

ホワイトアンドイエローラプター

ホワイトアンドイエロースノーベルエニグマ

ホワイトアンドイエロースノーエクリプス

ホワイトアンドイエロースノーグロー

ホワイトアンドイエロースノグローレーダー

ダーも一時は多くいました。しかし、両者の模様を乱す作用は特性が異なり、エニグマのようなある種混沌としたどぎつい乱しかたがホワイトアンドイエローにはないため、近年では両者それぞれの特徴を使い分けるブリーダーが多くなってきました。ホワイトアンドイエローとエニグマを両方コンボに組み込み、さらなるデザイン性のある色柄を目指すこともあります。

　エニグマと同じく、独創的な表現の個体

ホワイトアンドイエローのコンボ品種

ホワイトアンドイエロースノーレーダー

ホワイトアンドイエロースーパーレーダー

ホワイトアンドイエロースーパーラプター　　　ホワイトアンドイエロースーパースノーベル

ホワイトアンドイエローラプター

ホワイトアンドイエローアルビノエクストリームエメリン

ホワイトアンドイエローTUGスノーアビシニアンエクリプス

　が出ると、ブリーダーによってはそれに特別な名を付けたりもします。そのため、それがコンボ品種自体の名前であると勘違いされてしまうこともわりとよくあります。

　ここでは、独自性のある名が付けられたものではなく、純粋にホワイトアンドイエローと別品種の組み合わせを列挙しておきます。

"その他の表現"

Other Expressions

ここでは、遺伝するのかどうか不明だったり、その法則がまだ解明されていないもの、来歴がいまいちはっきりしていない品種、一般的な遺伝法則とは異なる出現法則の表現型などを紹介します。

スノーストーム Snow Storm

　マックスノー（P.88）とTUGスノー（P.86）の違いは、マックスノーではそれ同士を交配させると25％の割合でスーパー体であるスーパーマックスノー（P.94）が表れることです。TUGスノーにはスーパー体がなく、TUGスノー同士をいくら掛けてもスーパーTUGスノーに該当するものは出現しません。ところがややこしいことに、マックスノーとTUGスノーを交配させると、稀にスーパーマックスノーとほぼ同じ外観を持った個体が出現することがあるのです。これは、偶発的な産物とされていましたが、近年になってTUGスノーがマックスノーと遺伝子座の一部を共有している複対立遺伝という関係か、それに近い遺伝形質であるために起こるのではないかという説が強くなってきています。遺伝の法則についてはまだ解明中ですが、TUGスノーとマックスノーの組み合わせでスーパーマックスノーと同じ外観のモルフが出現するのは事実で、これはスーパーマックスノーとは呼ばずにスノーストームと呼んで区別しています。

　遺伝形態以外の見ためはスーパーマックスノーと変わらず、外観上での判別は難しいです。ただ、不思議なことにスノーストームでは本来スーパーマックスノーでは出現しないはずの黄色やオレンジの色素が部分的に出るパラドックス状態になることが時折あり、それが特徴と言えば特徴です（全ての個体に当てはまるわけではありません）。このスノーストームにさらなる他の品種を組み合わせたコンボもいくつかあります。例えば、スーパーマックスノーとエニグマのコンボであるダルメシアン（P.167）を、スノーストームとエニグマでつくった場合はヘイルストーム（雹の嵐の意味）と呼ばれるコンボになります。また、スーパーマックスノーブリザード（P.163）をスノーストームとブリザードの組み合わせでつくったものは、ホワイトアウトと呼びます。ホワイトアウトは雪山でガス状の雲に覆われて視界が効かなくなる現象のことで、スノーストーム（雪の嵐）から発展させて名付けられた呼び名です。

オレンジのスポットが出たイレギュラーな個体

パステル Pastel

Chapter 4 ヒョウモントカゲモドキ図鑑

マックスノーの中から現れるパステル。成体で決定的な違いは見分けにくくなっています

トレンパー氏の提唱するパステル（イメージイラスト）

　パステルと呼ばれる品種には、ゴースト同様に同じ名前に異なる表現型が宛がわれています。1つは古くから知られる、マックスノーの中から時折出現することのある色彩変異。マックスノーの幼体時は概ね地色の部分が白です。これがノーマルとの見ための差になりますが、パステルの場合は地色が淡い黄色で、首の後ろの部分のみが白くなります。成長すると全体的に淡くぼんやりとした色合いになり、マックスノーとあまり見分けが付かなくなります。このパステルは優性遺伝するとされており、マックスノーとは区別されていますが、はたして本当に独立した品種なのかは情報不足で不明です。単に白みがあまり強くないマックスノーの、状態を表す呼びかたという考えかたもあります。もう1つは、近年になって Ron Tremper 氏が発表した、同じパステルという呼び名の別モルフです。これは一見するとハイイエローのような色合いですが、より色みが濃厚で、黒い部分は焦げ茶色からキツネ色に、黄色い地色はより濃い色合いでラベンダー色が濃いという特徴を持ちます。他の品種とコンボ化した際には、それぞれの品種の色合いをより明るく濃くする作用があるとされ、特にアルビノとのコンボではラベンダー色の部分が白く抜けたようになるそうです。このトレンパー氏のパステルは優性遺伝かポリジェネティックによる血統遺伝かはまだ結論が出ておらず、検証中とのことです。新しい品種ですが、トレンパー氏は自前のさまざまな品種にこのパステルを組み合わせ、デザイン性の高い新たなコンボ品種をつくろうと研究をしています。

　これら2つのパステルとは別に、個体の色合いを表して「パステル」という表現をコンボや品種名の中に組み込んでいるブリーダーもいます。各品種の平均値に比べて、ラベンダー色やクリーム色など、柔らかな色合いが多く発色した場合に名付けられることが多いです。

　品種にパステルと付いていた場合、これら3つのうちのどの意味合いなのかを判断できれば、その後のブリーディングに混乱を生じないでしょう。

ソーラーレイ Solar Ray

Chapter 4
ヒョウモントカゲモドキ図鑑

　ソーラーレイはほとんど知られていない品種で、過去流通したのも数個体のみで、来歴についてもよく分かっていません。外観は非常にオレンジの強いアルビノで、タンジェリンアルビノの一種と思われますが、目の色みが独特で、虹彩にアビシニアンと同じような血管状の模様が見られます。
　一説によるとエクリプスのスーパーハイポタンジェリンであるソーラーエクリプスとトレンパーアルビノのコンボ品種であるサングローラプターに何らかの突然変異が出たのではないかとされています。エクリプスはアビシニアンの作出に関与している品種なので、このソーラーレイがアビシニアンと同じような血管が浮き出たような虹彩を持っている理由にもなります。
　初流通後、遺伝形態が解明されたという話も固定化されたという話も聞かないので、単発的なイレギュラー個体だった可能性も高いです。

ゴースト Ghost

ホワイトアンドイエローマックスノーラベンダーゴースト

　ここで言うゴーストはP.143で解説しているハイポメラニスティックとマックスノーのコンボ品種ではなく、成長に伴って全体的な色調が徐々に薄くなり、斑紋などもぼやけたようになる特徴を持つ品種のことです。常に脱皮前のようなくすんだ色彩なのが特徴です。ハイポメラニスティックにゴーストが発現した場合、コンボ品種であるゴーストと非常に似ていますが、こちらのゴーストはハイポメラニスティックだけでなく、他のさまざまな品種にも出現します。

　通常は幼体時でなく亜成体以降になって色彩が淡くぼんやりしたままのものをゴーストと呼びます。その遺伝性については不明で、現在研究が進められています。

アビシニアン Abyssinian

Chapter 4
ヒョウモントカゲモドキ図鑑

　アビシニアンは非常に不明な点の多い品種で、作出者のRon Tremper氏によると、エクリプスとラプターの組み合わせから出現したものであるとのことです。アビシニアン同士の組み合わせでは次世代に100%アビシニアンが生まれるとのことなので、遺伝するのは確実なようですが、トレンパーアルビノとの組み合わせでも100%アビシニアン（トレンパーアルビノは発現せず、ヘテロの状態）を生み出すなど、単純な劣性あるいは優性遺伝ではないのがあきらかです。現在、単体で見られることはほとんどなく、何かのコンボの中にその名を連ねている場合が大半です。そもそもアビシニアン自体が単一品種なのかもあきらかではありません。トレンパー氏の説明によると、アビシニアンはパラドックスアルビノの一種だとのことですが、詳細は氏自身も未だ研究中で、遺伝法則の解明にはまだ時間がかかりそうです。

　アビシニアンの特徴は、目の虹彩部分に、血走ったような赤い血管が見られることです。また、体色はトレンパー氏曰く「黒以外の全ての色が発色する」とのことで、全体的に淡くぼんやりした色彩ではあるものの、あまり明瞭な定義付けはないようです。個体によっては黒いスポットを持つようなものもいますが、トレンパー氏に言わせるとそれは黒ではなく濃い焦げ茶色とのことです。総合的に見ると、アビシニアンは黒い色素が減少したハイポメラニスティックなどに近い、それでいて独立した別な品種と思われます。人によっては、124ページで紹介しているエクリプスが実は目だけの変異なのではなく、目はノーマルアイで体色が淡く薄くなった状態のエクリプスもあり（目がノーマルなので一般にはエクリプスと見なされない）、それこそがアビシニアンなのだという場合もあります。いずれにせよ、初出からだいぶ経っていますが、まだ決定的な結論を出せた

ホワイトアンドイエローアビシニアン

ホワイトアンドイエローアビシニアン

スノーアビシニアンホワイトアンドイエロー　　ミスト。日本のブリーダーTCBFによりリリースされたベルアルビノとアビシニアンのコンボ。目にはアビシニアン特有の血走った血管状の模様が見られます

人はいません。トレンパーアルビノと掛け合わせても次世代にアビシニアンが100%出るという説が事実であれば、複対立遺伝という複雑な遺伝の仕方をする可能性もあります。

　アビシニアンの名の由来は Abyssinia parrot（和名アカハラハネナガインコ）という鳥からだそうで、この鳥は天然で黒色色素が少なく、体色は黒以外のさまざまな色で瞳がアルビノのように色が薄いという特徴を持ちます。これと似た特徴を持つことからアビシニアンの名があるとのことです。

　アビシニアンは他の品種と掛けた際に次世代に変わった色柄を生み出す影響を与えることでも知られており、ギャラクシーの誕生にもこの品種が関わっているとされています。アビシニアンがエクリプスの知られざる一形態であるという説が事実だとすれば、アビシニアンとスーパーマックスノーから生まれたギャラクシーと、エクリプスとスーパーマックスノーのコンボであるトータルエクリプスが同一であるという一般論の裏付けにもなります。

ホワイトサイド White Side

ホワイトサイドエニグマ

ホワイトサイドエニグマ

　脇腹から頬にかけて、白く色が抜けたように、あるいは白いテープを側面に張ったような外観をしたものがホワイトサイドです。ホワイトサイドはさまざまな品種で見られ、遺伝を伴うものなのか、あるいはそうとしてどのように遺伝するものなのかは現在検証中で、詳細は不明です。ホワイトアンドイエローでよく見られますが、この品種が関与しない他の品種でも出現します。

　現状ではキャロットテールなどのように、その特徴が表れた個体をホワイトサイドと呼ぶ場合が多いです。

ブルースポット Blue Spot

体部分のスポットが薄く、ブルーに見える個体

頭部に発現したブルースポット

頭部中央に現れるブルースポットはエクリプスに伴うことが多いです

ブルースポットは独立した品種ではなく、キャロットテールのように「ブルースポットが出現している」と表現に用いられるような、個体の状態を指す言葉と捉えたほうがよいでしょう。おそらくパラドックスの一種なのかと思われます。

頭部などに青みが強いラベンダー色の円形斑が表れるのが特徴です。ただし、この定義はブリーダーによってさまざまで、体部分に出る黒いスポットが薄く、ほんのり青みを帯びているものをブルースポットと呼ぶ場合もあります。

パラドックス Paradox

Chapter 4 ヒョウモントカゲモドキ図鑑

パラドックスタンジェリンストライプアルビノ

ホワイトアンドイエロースーパーラプターパラドックス

パラドックス

TUGスノーパラドックス

パラドックススノーベル

　パラドックスとは「矛盾した」というような意味です。これは特定の品種を指す言葉ではなく、ある品種に対して通常では起こりえない色表現が出た場合に冠せられる言葉です。例えば、アルビノは黒い色素を持っていない（または発色が抑えられている）ため、通常黒が体に表れることがありませんが、稀にアルビノであるにもかかわらず黒い色素が部分的に発色している個体が生まれます。こうしたものをパラドックスと呼ぶのです。

　もちろん、他の品種でも起こり、白一色なはずのブリザードに部分的に模様が表れたり、黄色い色素が消失するスーパーマックスノーに部分的に黄色い斑が出たりする例があります。

　これらはパラドックス○○（元となった品種名）のような呼ばれかたをします。パラドックスは一世代かぎりに突然変異的に起こり、遺伝はしないとされています。ただ、多数あるパラドックスの全てが遺伝性を伴わないものとも言い切れず、個別に検証していく必要もあります。

ワイルドエクリプス Wild Eclipse

Chapter 4　ヒョウモントカゲモドキ図鑑

ジェット

オキサイド

オキサイド

　ワイルドエクリプスはそういう名前の品種があるのではなく、野生個体でエクリプス状態（両目の虹彩が瞳と同じ黒）が表れた個体を累代繁殖し、固定したいくつかの血統の総称です。一般でいうエクリプス＝トレンパーエクリプス（P.124）と外観は一緒ですが、遺伝的に同じものであるかどうかは検証されていないので、独立項で紹介します。

　ワイルド由来のエクリプスは、いくつかのブリーダーが固定して独自の品種名を付けています。「ジェット」「オキサイド」などが知られています。繰り返しますが、これらが別々の遺伝子を持つ他品種なのか、さらにはエクリプスと同じものであるのかはまだ明確になっていません。

レイハインアルビノ Ray Hine Albino

Chapter 4 ヒョウモントカゲモドキ図鑑

　レイハインアルビノはあまり一般的でないアルビノで、イギリスのブリーダーであるレイ・ハインの名が冠せられています。主にヨーロッパで少数流通し、日本ではあまり見かけません。色みが明るくバンド部が白っぽいとされていますが、このレイハインアルビノが他のアルビノと互換性のないものなのか、それとも先の3つのアルビノのいずれかと同じ遺伝子を持つものなのか（おそらくベルアルビノとは同じでないでしょう）もはっきりとしていません。遺伝的にはトレンパーアルビノと同じもので、同時期にそれぞれのブリーダーが作出したものの、トレンパー氏の名を冠したトレンパーアルビノのほうが有名になり、影を潜めてしまったのではないかという話もあります。

　他のアルビノ同様に劣性遺伝するのは間違いないので、検証してみるのもおもしろいかもしれません。問題は、レイハインアルビノは現在ではほとんど流通が見られないことです。

ヒョウモントカゲモドキの "近縁種"

Eublepharis

ヒョウモントカゲモドキの同属別種を紹介します。アジアトカゲモドキ属（*Eublepharis*）は、これまで紹介したヒョウモントカゲモドキの他にもさまざまな種で構成され、サトプラトカゲモドキ以外は近年、数は多くないものの流通が見られるようになりました。

PERFECT PET OWNER'S GUIDES

オバケトカゲモドキ

Chapter 4
ヒョウモントカゲモドキ
図鑑

●学名 *Eublepharis angramainyu* ／ ●分布 イラン南西部、イラク北東部、シリア東部、トルコ南部 ／ ●全長 30cm 前後

　アジアトカゲモドキ属の中でも大型で、全長30cm近くに達します。ヒョウモントカゲモドキも大型品種であるトレンパースーパージャイアントなどは同等くらいに大きくなりますが、本種は野生型からして大きく、体型はヒョウモントカゲモドキより四肢が長く、全体的にひょろりとした印象です。メスはオスよりやや小柄。ヒョウモントカゲモドキの指の裏はややざらついているのに対し、本種の指の裏は滑らかです。

　体色はヒョウモントカゲモドキの野生型よりも黄色みが強く、首から腰にかけての間に黒い斑点が集まって帯状になった斑紋が3本並びます。この部分の地は色も異なり薄い紫から褐色。頭部は黒い網目状の模様で、模様同士が繋がって逆V字形に見えることも多いです。成体では、背部の中央に明るい色の条線が走り、その部分だけ黒の帯が途切れて見えます。生息地により体型や色彩などに違いがあり、現在流通するのはイランの3つの個体群です。南部のやや標高が低い山岳地であるフゼスタン地方、

フゼスタンの北西部に繋がるイラム地方、そしてイラムのさらに北側のケルマンシャー地方となります。

　フゼスタン地方の個体群は頭幅や胴幅が太く、非常に重量感があります。色合いは濃く、斑紋部が黒ではなく茶褐色や濃いラベンダー色。イラム地方の個体群は頭幅があまりなく細長い頭で、体格もかなりひょろ長い印象を受けます。色合いは薄くクリーム色や白茶けたような明るい黄色で、胴に並ぶ斑紋を縦断するように色が抜けたようなラインが走ります。ケルマンシャー地方の個体群はイラムのものに近い外観ですが、頭幅はより広く、エラの張った頭です。色調はイラム産に近く、やや色合いが薄い反面、暗色斑がよりはっきりと目立つ傾向があります。こうした明瞭な違いがあるため、ヒョウモントカゲモドキの地域個体群と同様、産地別に分けて殖やしているブリーダーが多いです。さらにシリアの一部やトルコ南部の個体群は背の黒いスポットが帯状に固まらず、小さな円形斑のように背に並

オバケトカゲモドキ／*Eublepharis angramainyu*

イラム
イラム
イラム（若い個体）
イラム（ウエスタンイラムで入荷したもの）
ケルマンシャー
ケルマンシャー（若い個体）

ぶなどの地域による色彩の違いがあるとされていますが、これらはまだ未流通で詳細も不確定のようです。

　オバケトカゲモドキは山岳地帯に生息する種で、岩の多い丘陵地や荒れ地で暮らしており、歩きかたは胴を持ち上げて手足をしっかりと張って歩きます。飼育の際はできるだけロックシェルターなどの立体的な隠れ家をケージに入れてやり、上り下りのできる場所と隠れ家を兼ねさせてやります。また、暑い夏場は餌を食べなくなることがあ

りますが、野生下で夏眠をすることによる生理的なものなので、日頃餌をしっかり食べていて尾が太っている個体であれば、涼しくなって餌を食べるようになるまで無理して給餌しなくても大丈夫です。

　本種の学名にある*angramainyu*とはゾロアスター教の悪神のことで、オバケの名はそこから採られています（加えて、本種が大型であることも意味しています）。

　流通は少なく、成熟に時間がかかることもあってあまり多くは見られません。

ダイオウトカゲモドキ

●学名 Eublepharis fuscus ／●分布 インド西部／●全長 25cm 前後

若い個体

　全長の平均が33cm前後、最大では全長40cm近くにまで達するとの情報が知られており、最大のトカゲモドキ属とされていましたが、近年になってこの数値はおそらく計測か記録時のミスで、全長20〜25cm前後のむしろ属内では中型からやや小型種である可能性が高いことが示唆されています。とはいえ、最大種である可能性が完全に否定されたわけでもありません。全長の6割以上が胴体で尾は短いため、重量感があります。

　生息地からニシインドトカゲモドキとも呼ばれます。

　前述のとおり、胴は太く重量感があります。体色はヒョウモントカゲモドキ同様、幼体色と成体色があります。幼体時は黄褐色の地に黒い頭部、白く細い後頭部のリング模様、そして首から腰にかけての間に2本、太く黒いバンドが並びます。尾は黒と白の太いリング模様です。成体では、幼体時の背のバンド部分が黒っぽい不規則なスポットの集まりに変わり、地色の部分にも細かな黒いスポットが出てきます。黒一色だった頭部は、バンド部分と同じく黒い不規則なスポットの集合に変わります。また、虹彩の色はヒョウモントカゲモドキが灰色なのに対し、本種は暗い黒褐色です。野生下ではサバンナの茂みや半砂漠地帯・乾燥林などに生息しています。本種の飼育はほぼ行われていませんでしたが、2014年頃に初めて国内に輸入され、その後国内繁殖例も報告されています。

トルクメニスタントカゲモドキ

Chapter 4
ヒョウモンカゲモドキ図鑑

●**学名** *Eublepharis turcmenicus* ／●**分布** トルクメニスタン南部、イラン北部／●**全長** 23cm 前後

　最もヒョウモンカゲモドキと近縁な種で、外観もよく似ています。全長は20〜23cmと属内ではヒガシインドトカゲモドキに次いで小型です。体型はヒョウモンカゲモドキやオバケトカゲモドキよりも細身でやや華奢。体色は比較的黄色みが薄く、地色は明るい砂色から黄褐色で、背の暗色斑は大柄で褐色から明褐色をしています。
　幼体時は暗色のバンド模様で、首から胴にかけて3〜4本の帯模様が並びます（3本が典型的とされますが、4本の個体のほうが多いです）。成体になると黒いスポットの集まりに変わりますが、他種に比べてバンド状に残りがちです。頭部の暗斑は不規則

若い個体

ですが密で、ヒョウモントカゲモドキやオバケトカゲモドキの模様より頭部全体に広がります。

　近年になって海外のブリーダーが繁殖を始め、日本へも輸入されるようになりました。ヒョウモントカゲモドキとよく似ているためか、中にはほとんど見分けが付かないような個体も見られます。あまり生物分類に詳しくない海外ブリーダーが殖やした個体は本種ではなく、本種の生息地付近に生息するヒョウモントカゲモドキの地域個体群である場合があります。

PERFECT PET OWNER'S GUIDES　　　　　ヒョウモントカゲモドキ　　221

PERFECT PET OWNER'S GUIDES | Chapter 4 ヒョウモントカゲモドキ図鑑

ヒガシインドトカゲモドキ

●学名 *Eublepharis hardwickii*／●分布 インド東部／●全長 22cm 前後

　ハードウィッキートカゲモドキとも呼ばれます。アジアトカゲモドキ属の中では最も小型で、全長23cm以下とされます。ただし、体躯は比較的がっしりしており尾も太いため、あまり小さく感じられません。頭部は同属の他種より角張っておらず、頬はあまり張り出さない反面、吻端は長めです。属内では他種とは大きく異なる配色をしており、見分けるのは容易。地色は黄色みがかった明褐色で、頭から胴の中央までと、胴の後半から腰までが赤っぽい黒褐色に染まります。後頭部から吻端にかけてはぐるりと明色の帯が一周します。虹彩の色は黒く、他種のように瞳が目立つことは

あまりありません。幼体時は色みがやや明るくバンド部分のメリハリが強いですが、他種のように成体と大きく模様などが変わることはありません。

　林や丘陵地に生息し、森林内の開けた地上などで見られます。夜行性で、日中は石や岩の下に隠れています。他種よりも比較的多湿な環境を好み、地上棲ではあるものの木などに登ることもあるようです。

　流通は少なく、わずかに欧州などで繁殖された個体が流通するに過ぎませんでしたが、少数ながら国内繁殖個体も見られるようになりました。

サトプラトカゲモドキ

Chapter 4
ヒョウモントカゲモドキ図鑑

●学名 *Eublepharis satpuraensis* / ●分布 インド中部 / ●全長 25cm 前後

成体

幼体

　最も最近になって発見された新しいアジアトカゲモドキ属で、インド中央部のマディヤ・プラデーシュ州に分布しています。頭胴長（鼻先から尾の付け根までの長さ）で12～13cmほどと、属内では中型種とされていますが、実際はより大型である可能性もあります。幼体時は明るい黄色の地に黒い頭部、白く細い後頭部のリング模様、首から腰にかけての間に3本、太く黒いバンドが並びます。尾は黒と白の太いリング模様です。ダイオウトカゲモドキ同様、成体では幼体時の背のバンド部分が焦げ茶から黒灰色の不規則なスポットの集まりに変わり、地色の部分にも細かな黒っぽいスポットが出てきます。黒一色だった頭部は、不規則な太い網目模様の集合に変わります。また、虹彩の色は灰褐色をしています。

　体型は細長く、頭は大型で長さがあります。見ためはヒョウモントカゲモドキとダイオウトカゲモドキを足したような色合いで、体型はアジアトカゲモドキ属の他種よりもかなり細長く、別属のトウヨウトカゲモドキ属 *Goniurosaurus* のようです。

　乾いた山岳地帯に生息しているとされますが、2014年に記載されたばかりで詳しいことは全く分かっていません。捕獲された個体数も非常に少なく、市場での流通は2017年時点ではまだありません。

■参考文献

- The Eylash Geckos (Hermann seufer・Yuri Kaverkin・Andreas Kirschner：Kirschner&Seufer verlag)
- Leopard Geckos:the Next Generations (Ron Tremper)
- The Herpetoculture of Leopard Geckos (Philippe de Vosjoli・Ron Tremper・Roger Klingenberg：Advanced Visions Inc.)
- Der Leopardgecko - Eublepharis Macularius (Melanie Hartwig：NTV Natur und Tier-Verlag)
- クリーパー（クリーパー社）
- ビバリウムガイド（エムピージェー）
- 可愛いヤモリと暮らす本（冨水 明：エムピージェー）
- ヒョウモントカゲモドキと暮らす本（アクアライフの本）（寺尾佳之：エムピージェー）
- Reptile Calculator (http://www.reptilecalculator.com/)
- Leopardgecko.com(http://www.leopardgecko.com/)
- Der Leopardgecko(http://gecko-gecko.jimdo.com/)
- Leopard Gecko Wiki(http://www.leopardgeckowiki.com/)
- Guide to Leopard Gecko Morphs and Genetics (http://www.paulsagereptiles.com/)
- LEOPARD GECKO GENETICS (http://www.geckoboa.com/leopard-gecko-genetics.html)
- Gecko Time (http://www.geckotime.com/)
- 他 web サイト多数

Perfect Pet Owner's Guides

飼育・繁殖・さまざまな品種のことがよくわかる

ヒョウモントカゲモドキ完全飼育

NDC666.9

2017年10月16日　発　行

著　者　海老沼 剛
発行者　小川雄一
発行所　株式会社 誠文堂新光社
　　　　〒113-0033　東京都文京区本郷3-3-11
　　　　（編集）電話03-5800-5776
　　　　（販売）電話03-5800-5780
　　　　http://www.seibundo-shinkosha.net/
印刷・製本　図書印刷株式会社

©2017, Takeshi Ebinuma / Nobuhiro Kawazoe.　Printed in Japan 検印省略

（本書掲載記事の無断転用を禁じます）
落丁、乱丁本はお取り替えいたします。

本書のコピー、スキャン、デジタル化等の無断複製は、著作権法上での例外を除き、禁じられています。本書を代行業者等の第三者に依頼してスキャンやデジタル化することは、たとえ個人や家庭内での利用であっても著作権法上認められません。

JCOPY ＜（社）出版者著作権管理機構　委託出版物＞本書を無断で複製複写（コピー）することは、著作権法上での例外を除き、禁じられています。本書をコピーされる場合は、そのつど事前に、（社）出版者著作権管理機構（電話 03-3513-6969／FAX 03-3513-6979／e-mail:info@jcopy.or.jp）の許諾を得てください。

ISBN978-4-416-71721-9

■著者　海老沼 剛　えびぬま・たけし
text Takeshi Ebinuma

1977年、横浜生まれ。爬虫類・両生類専門店「エンドレスゾーン」(http://www.enzou.net/) 店主。著書は『爬虫・両生類ビジュアルガイド トカゲ①』同シリーズ『トカゲ②』『カエル①②』『水棲ガメ①②』『爬虫・両生類飼育ガイド ヤモリ』『爬虫・両生類パーフェクトガイド カメレオン』同シリーズ『水棲ガメ』『爬虫類・両生類ビジュアル大図鑑1000種』『世界の爬虫類ビジュアル図鑑』『世界の両生類ビジュアル図鑑』『爬虫類・両生類フォトガイドシリーズ ヒョウモントカゲモドキ』『フトアゴヒゲトカゲ』『ゲッコーとその仲間たち』『リクガメ』（誠文堂新光社）、『カエル大百科』（マリン企画）、『爬虫類・両生類1800種図鑑』（三才ブックス）ほか多数。

■編集／撮影　川添 宣広　かわぞえ・のぶひろ
photo&editon Nobuhiro Kawazoe

1972年生まれ。早稲田大学卒業後、出版社勤務を経て2001年に独立 (E-mail novnov@nov.email.ne.jp）。爬虫・両生類専門誌『クリーパー』をはじめ『爬虫・両生類ビジュアルガイド』『爬虫・両生類飼育ガイド』『爬虫・両生類ビギナーズガイド』『爬虫・両生類パーフェクトガイド』シリーズほか、『爬虫類・両生類ビジュアル大図鑑1000種』『日本の爬虫類・両生類飼育図鑑』『爬虫類・両生類の飼育環境のつくり方』『エクストラ・クリーパー』『世界の爬虫類ビジュアル図鑑』『世界の両生類ビジュアル図鑑』『爬虫類・両生類フォトガイド』『フクロウ完全飼育』『日本の爬虫類・両生類フィールド観察図鑑』『世界の奇虫図鑑』（誠文堂新光社）、『ビバリウムの本　カエルのいるテラリウム』（文一総合出版）、『爬虫類・両生類1800種図鑑』（三才ブックス）など手がけた関連書籍、雑誌多数。

■協力／
アクアセノーテ、アンテナ、ESP、iZoo、エキゾチックサプライ、SBS、エンドレスゾーン、大津熱帯魚、オリュザ、Kaz' Leopa、カミハタ養魚、神南信一朗、亀太郎、キャンドル、九州レプタイルフェスタ、キョーリン、黒木海斗、小家山仁、須佐利彦、スティーブ・サイクス、ちょこぐら、TCBF、どうぶつ共和国ウォマト、トコカンプル、永井浩司、熱帯倶楽部、野本尚吾、バグジー、爬厨、爬虫類倶楽部、Herptile Lovers、B-BOX アクアリウム、V-house、(株) フォレスタ、プミリオ、ぶりくら市、ペットショップふじや、松村賢太郎、松村しのぶ、松澤香介、安川雄一郎、やもはち屋、油井浩一、ラセルタルーム、リミックス ペポニ、Rep Amber、Reptilesgo-DINO、レプティースタジオ、レプティリカス、ロン・トレンパー